機能性表示とノウハウカルテットで
4年でビリオネアへの道

米国財団法人ＨＩＦ理事長／㈱薬事法ドットコム社主
林田　学

●●● モデルケース ●●●

事例 A　3 年で年商 100 億到達。

　数字的にはもっとも成功した事例ですが、厳しい秘密保持契約を結んでいるため、残念ながらこれ以上の紹介ができません。

事例 B　化粧品

オファー　2 ステップ
サンプル　1000 円
定期価格　1 万 2000 円
月商　2 億 5000 万円

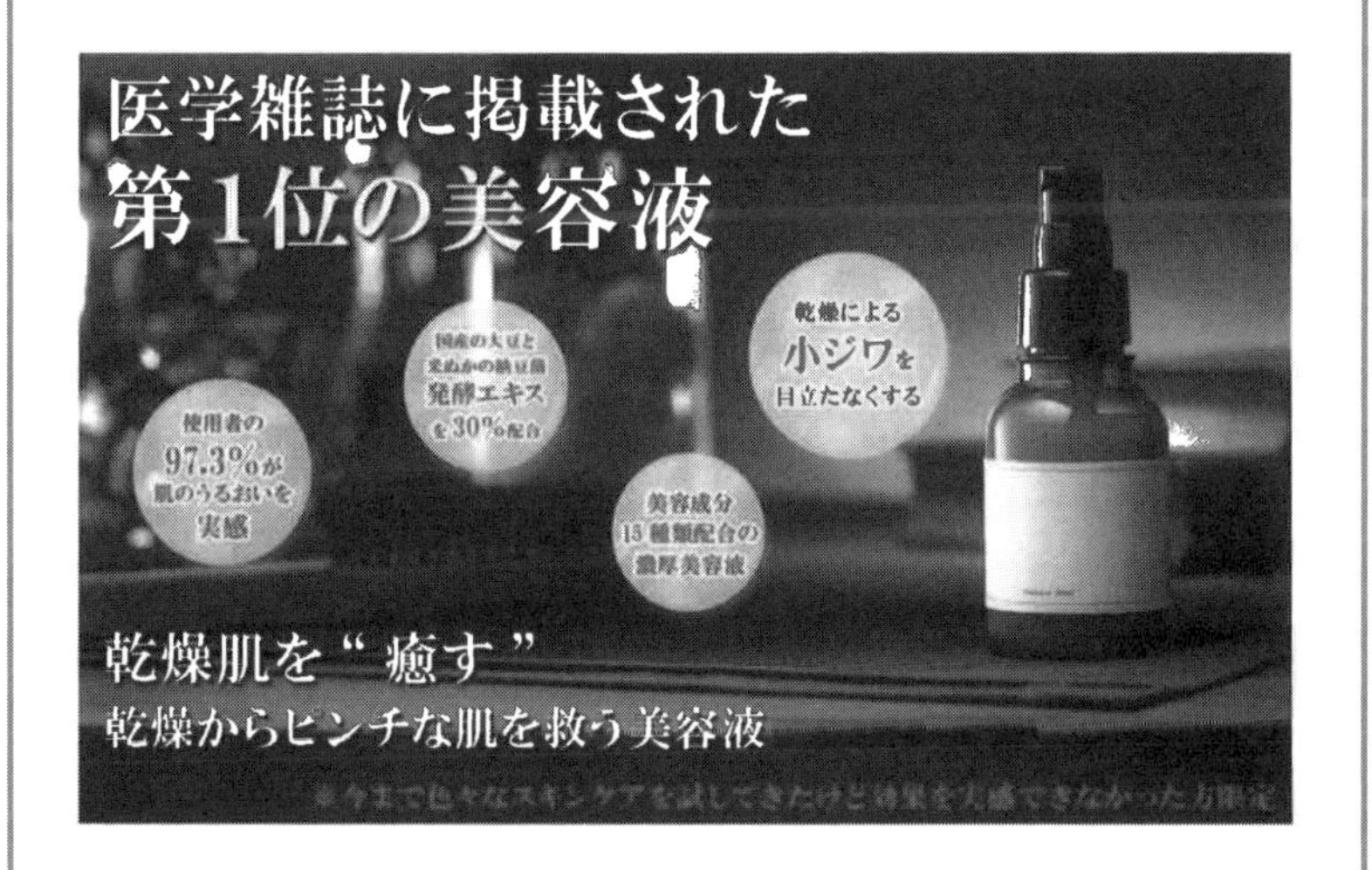

事例C　健康食品（置き換えダイエット）

オファー　定期ダイレクト
　定期価格　1万円
（マーケティングデータ）
　定期CPO　6000円
　CVR　3%
　月商　2億5000万円

事例D　エステ

エステで初めてビフォーアフターＣＭを実現

●●● ビリオネアのロールモデル ●●●

A社長

ここ数年間で、あっという間に時価総額400億の企業グループを構築されています。

しかしそれでも物足りず、時価総額1000億を目指すとのこと。

凄まじいまでの野心家です。

B社長

A社長とは対照的なかたです。

毎年年商15億くらいをコンスタントに売り上げ、3億くらいの利益を出し続けておられます。「目立つと叩かれる」。それがB社長の処世観です。

C社長

元PCオタクの彼。Webマーケティングの達人で、顧客用メルマガだけでも300通り以上用意しておられます。健食・化粧品にまたがり、いろんな商材で第1位を逆転させています。

Webだけで月商4億、年商50億が見えてきています。

D社長

脱サラで始めた彼。徹底的にＥＣを研究し、事前のリサーチを積み重ねたうえで、満を持して“ニッチ悩み商材”でスタートさせました。

事前のリサーチでいい結果でしたので、初月から広告費に800万突っ込み、その後も売上を伸ばしています。しかし、マネされやすい商材なので、機能性表示健食に切り替える予定です。

プロローグ

私は、前々著（※1）で、「リストビジネス」である健康美容通販の本質を究めることで、4年で年商30億に至ることも可能だと解き明かしました。そして、前著（※2）で、新しく始まった食品の機能性表示制度を誰よりも早く解説、その制度のビジネスにおける活用法を解き明かしました。

幸い両著ともにマーケットでの評判は上々で、ネット書店のアマゾンでランキング1位（「ビジネス・経済」産業研究部門）を獲得したほか、瞬間風速ではトマ・ピケティ氏の『21世紀の資本』をも上回ることができました。

本書は、この二つの本を合体させ、かつ、アップデートさせたような内容となっています。

その間にも、私は多くの企業でコンサルティングに携わり、ノウハウを進化させてきました。そのノウハウは四つの理論に集約させることができます。

※1『ゼロから始める！　4年で年商30億の通販長者になれるプロの戦略』ダイヤモンド社、2013年
※2『市場規模が3倍に！　健食ビジネス新時代を勝ち抜くプロの戦略「機能性表示」解禁を、どう生かすか』ダイヤモンド社、2015年

その四つとは、エビデンスリーガルマーケティング理論（ＥＬＭ理論）、マーケットリサーチ理論（ＭＲ理論）、鵜飼理論、サイコＣＲＭ理論です。

この四つの理論を、本書ではノウハウカルテットと呼んでいます。

そのノウハウカルテットを実践に応用し、成功を収めてきた典型的事例を、巻頭に「モデルケース」として挙げてみました（Ｐ.３〜５事例Ａ〜Ｄ）。

そして、このノウハウカルテットは、何人かのビリオネアを輩出してきました。ビリオネアとは、「10億万長者」のことです。ご存じのようにミリオン＝１００万に対してビリオン＝10億ですから、通貨単位で10億超の資産家のことを指します。

本書でいうビリオネアは私独自の定義で、その会社の利益が数年で10億円を超えている、そういう会社のオーナーであることを意味しています。オーナー会社であれば、会社の利益＝オーナーの利益なので、こういう捉え方も可能かと思います。

そして、そのシルエットを「ビリオネアのロールモデル」（Ｐ.６）にまとめました。皆さんのまさに「お手本」にしていただければと思います。

さて、機能性表示食品制度が、いよいよ2015年4月から始まりました。

これは、一般食品・健康食品の両方にまたがる制度ですが、ビジネスとしてみたとき利益率が高いのは、言うまでもなく後者の機能性表示健康食品です。

とはいえ実際の運用次第で、この制度がビジネスに活用できるか否かが決まります。そこで、私は運用の実態を注視してきました。

すると、現状では予想よりも規制のハードルは低く、工夫しだいで十二分に活用できることがわかってきました。


これは、絶好の投資チャンスが訪れていることを意味しています。

想定では、機能性表示健食というキラー商材と、私のノウハウカルテットが合体すると、「初年度年商6億、2年度年商20億、4年でビリオネア」は十分に達成可能な数字と、見ています。

既に、そのゴールを目指していくつもの事例で私のコンサルティングが始まっています。私とYDC（薬事法ドットコム）が現在かかわっている事例でも、売上が従来の5倍に伸びているケースがあります。

くり返しますが、これは大きな投資チャンスです。その情報を皆さんにも共有していただきたく、本書をしたためた次第です。

2016年2月吉日

林田　学

「機能性表示とノウハウカルテットで4年でビリオネアへの道」目次

第2章　機能性表示の運用実態と私の戦略…………39

第4章 レスポンスを飛躍的に高めるエビデンスリーガルマーケティング

第5章　MR理論に基づく商材選定……81

第6章 MR理論に基づく最強LPの作り方……115

第7章 Webプロモーションの鵜飼理論 ……… 129

第8章　利益を20倍アップさせるサイコCRM理論……143

第1章

華々しくスタートした機能性表示

健食ビジネスを一変させる機能性表示

２０１５年4月から、日本でも機能性表示食品制度がスタートしました。機能性というのは、ひらたく言えば、その食品を摂取することによって期待される「効果・効能」のこと。

健康食品（健食）ビジネスにとって、これは千載一遇のチャンスといえる画期的な出来事です。

従来の効果表示に対する規制

従来、日本では、健康食品の効果表現に強い規制が敷かれ、事実上「何も言えない」のと同じ状態でした。例外として認められていたのが、トクホ（特定保健用食品）と栄養機能食品です。

トクホは、保健の目的の表現とそのエビデンス（科学的根拠）について国が審査を行い、消費者庁が個別に許可する食品です。「おなかの調子を整える」「コレステロールの吸収を抑える」といった表示ができ、許可をもらえば国の定めたマークを使えるメリットがあります。

栄養機能食品は、科学的根拠が確認されているビタミン、ミネラルなどの栄養成分を一定量含む食品について、国が定めている表現で機能性を記載できるものです。あらかじめリストアップされている栄養成分について、特に届出などをしなくても効果・効能をうたえます。

これらは、「健康食品は効果をうたえない」という薬事法の対象外です。

ところが、理論上はさまざまな効果表現が許可されうるはずのトクホも、実際の運用上はごく限られた範囲（ほぼ11通り）の保健機能しかうたえません。あまり尖った表現ができないわりに、必要となる資金・時間のコストは莫大です。

ある調査で、トクホの許可申請をした企業のうち、４割近くの企業が４０００万円以上を臨床試験にかけ、３割超の企業で開発から販売まで5年以上かかっているというデータがあります。

また、栄養機能食品に関しては、そもそも機能性をうたえる対象が、ビタミン12種、ミネラル5種に限られています。

したがってこれらは、大資本以外の一般プレーヤーにとって、決して使い勝手のいい制度ではありませんでした。

キラー商材「機能性表示食品」

一方、機能性表示食品は、トクホと違って国が審査を行わず、事業者が自分の責任で表示できます。栄養機能食品のような対象の縛りもありません（生鮮食品を含め、原則としてすべての食品で可能となります）。

ただし、エビデンスをもとに書類を整え、消費者庁に届出を行う必要があります。このエビデンスの構築については追って説明しますが、ビジネスとして肝心なことは、エビデンスと、その訴求のしかたが消費者のハートに刺さるかどうかです。

スタートラインにおいて、訴求する商材の効果・効能や、マーケティングにおける費用対効果を加味しながら、エビデンスを構築していくべきだと思います。

そして、そのエビデンスを、リーガル（法務戦略）やマーケティングの要素と一体で、広告、顧客管理まで進めていけば、機能性表示健食は、ＥＣ（ネット通販）

における驚異的なキラー商材となります。
このキラー商材を、使わない手はありません。

過去のアメリカで起きた機能性表示のインパクト

今回導入された食品に対する機能性表示の制度は、サプリメント大国と言われるアメリカをモデルとしています。私も、アメリカではニューヨークに拠点を置いており、その辺りの事情は体感としてわかります。

ご存じのように、アメリカでは医療費が非常に高額ということもあって、国民の病気予防意識は非常に高いものがあります。統計では、国民の7割が、なんらかのサプリメント（機能性食品）を利用しています。

そのベースには、20年余前の1994年に成立したDSHEA法（栄養補助食品健康教育法）の精神があります。この法律は、そもそも健康を守るためにサプリメントを使う自由を国が認めた法律で、そのために、食品の効能記載を自由化したのです。

米国DSHEA法では、サプリメントの定義を非常に幅広く定めています。その文面は、「ビタミン、ミネラル、ハーブ、アミノ酸のいずれかを含み、通常の食事を補うことを目的とするあらゆる製品（タバコを除く）」というものです。

わざわざ「タバコを除く」と書くところがいかにもアメリカ的ですが、ともかくその結果、以前は効果効能をうたえない食品だった多くのサプリメントに、FDA（食品医薬品局）の許可を受けずに、効能が記載できるようになったのです。

薬と厳格に表示を区別するための法律も、2007年に整備されました。そして、アメリカの国民は「これを食品として摂取すると、こういう効果が期待できる」と、明確に知ることができるようになりました。

このようにすっきりとした基準で規制されるようになった結果、2006年に225億ドルだったアメリカにおけるサプリメントの市場規模は、2007年に約6％成長、その後も毎年6～7％の成長を続けてきました。

日本とアメリカでは社会背景が異なりますが、機能性表示にどれだけのインパクトがあるかを、うかがえる話ではあります。

機能性表示は本当にキラー商材なのか？

とはいえ、機能性表示は日本ではかつてない制度です。また、運用が始まって間もないこともあり、一般の人には実態が見えていません。

「機能性表示健食は本当にキラー商材なのか？」と、疑問に思ったり、二の足を踏んだりするプレーヤーもいて当然です。

そこで、機能性表示だけで得られる売上ＵＰ効果はどんなものか、私が調べた実例を挙げてみます。念のため、これは制度スタートからまだ数か月という時点での結果です。

①機能性表示食品制度のスタートで株価高騰

雪印メグミルクは、「恵（めぐみ）ガセリ菌ＳＰ株豆乳仕立て」など、複数の機能性表示食品を販売しています。同社の株価は７月に４連騰し、約６年ぶりに上場来高値を更新したことが報道されました。証券会社が投資判断を引き上げたことが、直接の買い材料になったと見られています。機能性食品に使える多くの健康機能成分を持っていることが評価されたのです。

②機能性表示食品の発売を発表しただけで株価上昇

日本予防医薬が、主力商品の「イミダペプチドドリンク」を機能性表示食品としてリニューアル、新発売を発表した時点で株価が63円高になりました。これは、機能性表示食品の新発売を発表したことが、投資家にとって株の買い材料になったことを意味します。

③機能性表示を導入して、CVR1・5倍に

森下仁丹のビフィズス菌食品ビフィーナが、「便通改善」をうたった結果です。後述するSR（体系的文献調査）という手法でエビデンスを構築し、取得した「便通改善」の機能性表示を、Web上での商品広告の要となるLP（ランディングページ）に導入しました。結果、お試し商品を申し込んでくれる割合であるCVR（コンバージョン率）が1・5倍になっています（YDC調べ）。

④機能性表示取得で売上目標を７割ＵＰ

ファンケルの「えんきん」は、手元のピント調節力をうたうサプリメントです。機能性表示を取得してのリニューアル発売時、抽選で１万名の人にお試し商品が当たる無料モニターを募集しました。すると、なんと当日に２万人を大きく超える応募が殺到、同社はこの商品の売上目標を、前期比70％上方修正しました。

⑤既存品との比較で、ＬＴＶが３倍超に

ライオンのダイエットサプリメント「ラクトフェリン」も、機能性表示を取得してリニューアルした商品です。このサプリの場合、同じ機能性成分を、同量配合していた既存商品に比べ、発売を開始した月の売上が約10倍を記録しました。これを顧客１人当たりが１年間に購入してくれる金額＝ＬＴＶ（ライフタイム・バリュー）に換算すると、３倍超えという驚異的な数字になります（ＹＤＣ調べ）。

ほかにも、機能性表示のインパクトはさまざまなフィールドに及んでいます。

たとえば、機能性成分として利用しやすいヒアルロン酸は、業界全体での月間出荷量が2倍になっています。

機能性表示食品を秋に発売すると発表しただけで、株価が12・57％高となった企業（ファーマフーズ）や、機能性表示の導入でDMによる刈り取り率が5倍に高まった企業もあります。

機能性表示を取得しただけで、リニューアル発売1か月未満で販売数が約10倍に伸び、新規顧客が急増中の商品もあります（キユーピー「ヒアロモイスチャー240」）。

このように、機能性表示だけでもすさまじい販売力の増強効果が発揮されています。

業界全体にこのような動きが見られるということは、アメリカで見られたような健食マーケットの拡大が、今後の日本で再現される可能性が高いことを示唆するものかもしれません。

機能性表示のキラー商材を、この分野で多くの成功企業を輩出してきた私のノウハウと組み合わせるとどうなるか？　どこまでやれるか？

本書では、それを解き明かしていきます。

ビジネス展開の基本は「法の遵守」

健康食品のＥＣ（ネット通販）を展開するうえで注意すべきことに、法律の壁があります。

具体的には「薬事法」「景表法」が重要です。そして、医師法など他のいくつかの法令も絡みつつ、商材の効果表現について、可能な範囲が規制されています。ちなみに薬事法は、最近の改正で「薬機法」に名前を変えていますが、本書は一般になじみのある薬事法で記述しています。

後述するように薬事法、景表法などの壁は高く、故意ではなくとも違反した場合は、厳しく罰せられます。市場に参入する多くのプレーヤーたちは、自分の商行為が適法であるとわかっているからこそ、堂々と利益の追求に邁進できるわけです。

ところが、マーケティングの世界でプロを自認する人たちでも、通常、こうした健康・美容、あるいは医療関係の広告規制には、詳しくない場合がほとんどです。

以前こんなことがありました。私にコンサルティングを依頼してきたAさん。高額な料金を払って通販起業塾に参加したところ、マーケティングは教えてくれるが、薬事法はわからないので都庁で確認するように言われた、しかし、それでは車輪が一つ欠けているようなもので絶対に成功しないと思ったので、薬事法や景表法も踏まえたマーケティングをぜひコンサルティングしてほしい、と言うのです。

美健ＥＣでは、マーケティングと法律は車の両輪。両方が揃わない限り成功はあり得ないのです。

エビデンスリーガルマーケティングの成功事例

私が考案したエビデンスリーガルマーケティング（ＥＬＭ）の理論と手法につ

いては、おいおい解説していきます。

ＥＬＭ理論は、機能性表示が始まる以前から数々の成功事例を築いてきた最強のノウハウです。１９９５年に小林製薬の健康食品の通販事業立ち上げをサポートしてから20年、６００社以上のコンサルティングに当たり、多くを成功に導いてきました。

２０００年代では、やずや・新日本製薬などの飛躍的成長をサポートしました（前者は年商30億→４７０億、後者は年商40億→１５０億）。

最近では、３年で年商１００億に至った事例、２年半で月商３億５千万に至った事例、４年で年商30億に至った事例などをサポートしています（現在もかかわっているため残念ながら実名は出せません）。

ＥＬＭ理論での成功事例の共通点

以上は、機能性表示食品が始まる前の事例ですから、機能性表示食品というキラー商材と絡まない純粋のＥＬＭ理論の強さを示しています。

ほかにも多くの成功事例がありますが、それらの共通点を挙げると、次のような要素＝圧倒的に強いコンテンツを盛り込んでいるということが言えます。このうち④と⑤は、私がティーアップと呼んでいるコンテンツです。

①ビフォーアフター
②数値（変化、確率）
③医学雑誌
④日本初
⑤第１位

ただし、これらのコンテンツが使えるかどうかは、商材によって違います。

そう！　規制の差があるからです。

化粧品

化粧品では、どうでしょう。①、②はＮＧ、③はグレーゾーン、④、⑤はＯＫです。

化粧品の場合、エビデンスのあるなしが問題なのでなく、認められている56の効能の中でメリットを訴求するしかないからです（56の効能については図表5―4 P.102～103参照）。

一般健食

一般の健康食品（機能性表示食品以外）では、①、②に加え、③もNG、④と⑤だけが認められます。どんどん規制が厳しくなってきており、できないこと、言えないことが増えているのが現状です。

ダイエット（置き換え）

従来のダイエット商品は、①、②がグレーゾーンで、③から⑤はOK。置き換えによって「痩せる」は言えますが、それ以上は言えません。たとえば「CT画像で内臓脂肪がへった」とか、「ウエスト何センチ減」はNGです。「99％」などの数字も、しっかりした根拠を作ってギリギリのところです。

ジム

これがジムになると、①から⑤まで、すべてOKとなります。薬事法はモノに対する規制なので、運動効果には関係ないからです。一方、根拠のないことを表示すると景表法に引っ掛かるので要注意ですが、そこはエビデンスがあればよいことになります。

このように、一般のマーケッターならビクビクしながらやっていることを私の場合は理論に基づき、適法な範囲で思いきり攻めているのが特徴であると言えるでしょう。

機能性表示食品でビリオネアを目指す

従来の健康食品やダイエット食品には、今分析したような訴求の限界がありました。しかし、機能性表示によって、これが圧倒的に変化しました。

機能性表示食品なら、基本的にエビデンスがあることは言えます。つまり、ジムと同じで、強いコンテンツをオールマイティーに使えることになります。

さて、制度がスタートして半年がたち、私には、機能性表示の運用実態が徐々にわかってきました。多くの企業をコンサルティングし、届出実務をサポートしてきたために、稀少な情報を誰よりも多く持っているからです。

最近では、自前でＲＣＴ（臨床試験）を行うような大手企業や海外の大企業からも、届出をサポートしてほしいという依頼がくるようになっています。

そのような経験をフルに活かせば、皆さんがつまずかないような最適のナビゲーションができるのではないかと思っています。

ＥＣへの審査や取り締まりは、年々、厳格化している傾向があります。とくに、機能性表示制度がスタートした現在、健康美容関連商品の広告表現に対する規制は、いっそう強化されていくことが予想されます。

近い将来には、機能性表示なしで健食のＥＣを展開すること自体が、厳しくなる可能性も否定できません。どんなタイミングで、この新制度に対応するかは、個々の事業者にとって大きな課題になっていると思われます。

しかし、これは業界のピンチというものではなく、制度をうまく活用できるプレーヤーには千載一遇のチャンスが到来しているのだということは、強調しておきたいと思います。

第2章

機能性表示の運用実態と私の戦略

機能性表示の運用実態――二つのポイント

機能性表示食品制度の直近の運用実態としては、二つのポイントを挙げることができます。

一つは、届出等のハードルは思ったほど高くないということ、二つめは、手続き完了は想像以上に遅い、ということです。

届出等のハードルは低め

機能性表示食品の対象商品や、可能な機能性表示の範囲、その根拠の説明や、安全性確保、品質管理などの基準は、2015年3月31日に消費者庁が公表した「届出等に関するガイドライン」に定められています。

しかし、実際のガイドラインの運用にはかなり柔軟性があり、実務上のハードルはかなり低めになっています。

例を挙げて見ていきましょう。

例①　ガイドラインでは、安全性は試験で証明するのが原則であるように読めます。しかし、運用はそうでもなく、喫食実績をもって安全性のエビデンスとすることを容易に認めています。喫食実績が発売数か月という短期間のものも少なくありません。

［例］大塚製薬「ネイチャーメイド　フィッシュオイル　パール」

また、180件の受理件数のうち、試験を行っているのはわずか26件です。

例②　エビデンスをRCT（臨床試験）とする場合、ガイドラインでは試験期間12週が原則ですが、8週も認めています。

［例］ライオン「ナイスリムエッセンス　ラクトフェリン」、日本予防医薬「イミダペプチド」

食後血糖値の上昇などでは、単回（ワンショット）の試験も認めています。

例③　エビデンスをSR（文献調査）とする場合、他者の論文に依拠します。ガイドラインでは、依拠する論文はダブルブラインドのランダム化比較試験（無作為抽出の二重盲験）が原則と読めます。

ですが、実際には、ダブルブラインドだけではなく、シングルブラインドでも通しています。

[例] 味の素「グリナ」、日清ファルマ「グルコデザインカプセル」

また、ランダム化試験だけではなく、非ランダム化試験でも通しています。

[例] 森下仁丹「サラシア」

例④ ガイドラインは、製造についても医薬品の製造販売承認に必要なGMP適合がほぼ必須、と読めます。しかし、実際にはISO認証すら満たしていないケースを幅広く認めています。以下のように多数の例があります。

[例] キリンビバレッジ「食事の生茶」、カルピス「アミールWATER（ウォーター）」、伊藤園「ブルーベリー&アサイーMix」、「テアニンの働きで健やかな眠りをサポートするむぎ茶」、キリンビバレッジ「キリン メッツ プラス スパークリングウォーター」、大塚製薬「大麦生活 大麦ごはん」、「大麦生活 大麦ごはん 和風だし仕立て」、イオントップバリュ「難消化性デキストリン配合 コーラ」、日本予防医薬「イミダペプチド」、江崎グリコ「朝食BifiX（ビフィックス）ヨーグルト」、「朝食Bif ｉＸヨーグルト１４０ｇ」、「朝食ＢｉｆｉＸヨーグルト脂肪ゼロ」、「朝食ＢｉｆｉＸのむヨーグルト」、ＪＡ鹿児島茶業「べにふうき緑茶ティーバッグ」

例⑤　具体的な表示としては、「肥満」や「ＢＭＩ」、あるいは「疲労」や「睡眠」などの表現も認めています。その手前でのＲＣＴやＳＲのアウトカム設計（ゴール設計）においては、「アレルギー」も認めています。

例⑥　ガイドラインでは、「病気のゾーンには入り込めない」「病者は対象外」となっています。しかし、実態はその判断を医師にゆだねるやり方を認めるなど、意外にフレキシブルです。

［例］キューサイ「ひざサポートコラーゲン」

＊さらに詳しいことは、薬事法ドットコムのサイトから「林田学の機能性表示データブック」をご覧ください。ＵＲＬは次のとおりです（閲覧するには、パスワードの取得が必要です）。

http://www.yakujihou.com/kinoudb-top/kinoudb-p1/

手続き完了は遅め

ガイドラインから手続きの進行をイメージすると、次のように読めます。

届出を行うと、速やかに形式審査が行われ、問題なければ受理されて、消費者庁のサイトにアップされる。そして、60日の周知期間を経て発売に至る。

ところが、実際には、これよりも長く期間がかかっています。形式審査期間に「不備事項」の指摘という形で、何回か修正の要請があるなどして、早くても1か月、遅ければ3か月以上、受理までかかります。販売開始に至るまで、早くて届出から3か月、遅い場合は届出から5か月くらいかかる状況です。

運用状況から導かれる戦略

以上のような運用状況からすると、機能性表示を活用するビジネス展開について、次のような戦略が導かれます。

尖った表示を狙う

第1に、顧客に訴えたい機能性の尖った表示を、積極的に狙っていくべきでしょう。

その際、「アレルギー」や「季節性花粉症」などのチャレンジングな表現をどこまで盛り込んでいくかは悩みどころです。私の場合、そういった尖った表示に関する対策を用意しているので、ご相談いただいたときは助言しています。

試験や論文作成に凝らない

第2に、RCTやSRをあまり凝った内容にする必要はありません。

この点は、特にエビデンスをSRで構築する場合に重要です。

現状を見ると、学会で発表することを目的としているかのようなSRが多くあります。特に、専門家や専門機関に委託しているケースでは、そうした傾向が顕著です（メタアナリシスの実施も学者の趣味の域を出ません）。

そんなところにお金と時間をかけるよりも、ある程度のレベルで切り上げて、早く提出したほうが賢明です。

届出を早くする

第3に、機能性表示を早く活用したければ、届出を早くすることが必要です。消費者庁に提出するまでと、提出してからの時間をいかに短縮するかが実務的に極めて重要です。私がコンサルティングを行う際には、この点も重視しています。

機能性表示コンサルティングの実態

費用と時間

以上を前提とすると、機能性表示のコンサルティングには、次のような費用と時間が想定されます。

①届出までの費用

RCTの場合は、臨床試験に1000～1500万。ほかに届出書類の作成が100～150万かかります（付帯する広告戦略は無償サービスとします）。

ＳＲだと、文献調査と論文作成に２００～３００万。届出書類の作成はＲＣＴと同様、１００～１５０万です（広告戦略はサービス）。

②届出までに要する時間

これは、私が届出まで含めて受託する前提で説明します（通常はもっと長くかかると思ってください）。

ＲＣＴを12週かけて行うのであれば、受託から届出まで7か月程度かかります。単回試験なら４か月程度です。

ＳＲなら、受託から届出まで２か月程度です。

先ほど述べたように、現状では届け出た後に時間がかかっていますが、そこは３～４か月見ていただけばよいのではないかと思います。

臨床試験期間などの実態

機能性表示の支援機関として、いろんなところが名乗りを上げています。

しかし、詳しくは後述しますが、広告とは無関係にＲＣＴを行ったりＳＲを作成したりするところばかりで、機能性表示の活用という点から見るとコストパフォーマンスが疑問なように思います。

高い費用を払ってRCTを行うのであれば、「どのような広告を打ちたいのか」まで見据えて行うべきです。しかし、平均的な機能性表示の支援機関や、臨床試験の専門機関には、そういう発想はまったくありません。

また、RCTを依頼する会社にとってみれば、その試験結果をまとめた論文をもとに、他社にSRを作られてはたまったものではありません。RCTには、こうした懸念が伴います。

このような「パクリ」を防止するには、食品化学の知識を必要とします。しかし、ほとんどの専門機関にはそういうノウハウがないので、まったく無防備にRCTを行うことになってしまいます。

広告をゴールとした一気通貫のコンサルティングが理想

エビデンス作りは、売上アップが目的で機能性表示に踏み切るのであれば、「どういうLP（商品専用Webページ、P.55参照）を作るのか」をまず考えて、それから「どういうＲＣＴにするのか」または「どういうＳＲにするのか」を考えるべきです。

巻頭にあるモデルケース〈事例Ｂ〉をご覧ください。このケースでは、臨床試験を行ったことが、エビデンスであると同時に「医学雑誌掲載」という攻めの材料にも使われています。

このように、私が行う機能性表示コンサルティングの最大の特色は、広告をゴールとして、エビデンス作り（ＲＣＴまたはＳＲ）から届出まで、すべてを一気通貫で行うという点にあります。

第3章

美健ECの利益構造と数値管理の基本

以下は、前々著でも説明していますが、復習の意味も含めて本書でも説明しておきます。

ECの本質はリストビジネスである

無料の商品しか売れない時代

私は以前から、法律と医療の両分野にまたがる自らの専門性を活かして、健康美容通販ビジネスのコンサルティングに携わってきました。

その間、独自の「リーガルマーケティング」の手法を実践、進化させながら、多数の企業を成功に導いてきましたが、ここ数年、実感しているのは、ネット社会でビジネスの成功を勝ち取るには、従来の常識にとらわれないマーケティング戦略が求められるということです。

ネット社会は、すでにネット時代ならではの「新しい常識」で回っているのです。その新常識では、商品のほとんどを無料（フリー）で提供しても成立するビジネスモデルでしか成功できません。

顧客リストこそが利益の源泉

そのカギを握るのが「顧客リスト」です。

つまり、ビジネスの成否は、商品を無料で提供しながら、できるだけたくさんの顧客リストを獲得することにかかっています。そして、その中から優良な顧客を開拓する以外に巨額の利益を勝ち取る術はないのです。

Ｗｅｂを介した健康美容関連商品の通販は、その最前線と言えます。自分の商品ページ（後述するＬＰ）にアクセスしてくれた見込み客に、無料の試供品を申し込んでもらって顧客リストを獲得、そこから安定的に高収益をもたらしてくれるロイヤルカスタマーを育て上げるのです。

なお、本書では、Ｗｅｂを介した健康美容通販のことを「美健ＥＣ」と呼びます。ＥＣはエレクトリック・コマースの略で「Ｅコマース」とも言われます。つまり、ネット通販のことです。

本書では、順次そのノウハウを解き明かしていきますが、その前に、リストビジネスであるＥＣに二つのフェーズ（局面、段階）があることと、そこで利益を取っていくための数値管理に用いる指標について、簡単に説明しておきたいと思います。

美健ECの二つのフェーズ

美健ECには、大きく分けて二つのフェーズがあります。

フェーズ1は、すべての出発点である顧客リストを獲得する局面です。

つまり、Ｗｅｂ上であなたの商品広告を見た人からレスポンスを得て、お試し品などを購入してもらい、本品の定期コースに誘導するまでの段階です。

そして、フェーズ2が、顧客リストの価値を最大化する局面です。

このフェーズで、定期コースの顧客にリピート購入を重ねてもらうこと、さらには、関連商品をお勧めするクロスセルで、ほかの商品も購入してもらうことが、利益を生み出すキャッシュポイントになります。

フェーズ１＝顧客リストを手にする

ＥＣで、顧客を迎える玄関に当たるのが、商品専用のＷｅｂページです。このページはＬＰといって、商品ごとに、会社のホームページとは別に作成します。

このＬＰを訪れてもらうことが第１の関門となるため、なるべく多くの顧客をＬＰへ誘導するために、最適の広告展開を工夫することが必要になります。

そして、ＬＰを訪れた人がお試し品などを購入してくれれば、第２関門を突破。この購入を「コンバージョン」と言います。広告にかけた費用が価値を生みだす転換点です。

あなたは、これで貴重な顧客リストを手に入れたことになります。

こうしてリストを獲得すると、お試し品を発送する際にさまざまなツールを同梱できるとともに、メールマガジンを送信することも可能になります。さらに、ＤＭや電話による販促をかけて、購入してくれた顧客を定期コースに引き上げることを目指します。

いずれにしても、フェーズ１の主役はＬＰです。お試し品を買ってもらって宝の山である顧客リストを手にできるかどうかは、このLPの出来にかかっています。

そこで私のコンサルティングでも、「LPをどのように作るか」を最重要視しています。その詳細は後述します（P.116）。

フェーズ2＝ロイヤルカスタマーを育てる

フェーズ1なくしてフェーズ2はないわけですが、美健ECのキャッシュポイントは、あくまでフェーズ2にあります。

フェーズ2では、定期コースを申し込んでくれた顧客に対して、できるだけ離脱しないようにコミュニケーションを図ります。このような顧客管理のことを、CRM（カスタマーリレーションシップ・マネジメント）と言います。

具体的には、商品同梱ツールのほか、DM、フォローメールなどを継続的に届け、自社のお得意様にするのです。また、ときには電話も有効です。

そして、定期コースを継続してくれている顧客には、購入を続けてもらっている商材以外の商品もお勧めしていきます。これをクロスセルと言います。

フェーズ２が高い利益につながる理由

なぜフェーズ２がキャッシュポイントになるかというと、広告費と販管費が軽減されるからです。

夢を売る美健ＥＣでは、広告と販売管理が非常に大きなウェイトを占めています。ターゲットが思う「なりたい自分」をいかに表現し、どうアプローチするか、どうコミュニケーションを取るかで、顧客リストの質と量が変わってきます。

そこで、コスト面で広告費の管理にフォーカスしつつ、効果的にプロモーションが行われているかどうかを把握することが最重要課題となります。

美健ＥＣのコスト構造をモデル化すると、フェーズ１では、売上のうち商品原価が２割、広告費が３割、販管費が３割を占め、利益は２割ぐらいになります。

しかし、フェーズ２では、売上に対するコスト構造がガラリと変わります。

まず、フェーズ２の顧客に対しては、媒体広告による獲得経費はかかりません。

また、すでにお互いが慣れているために、頻繁に電話を受けたりする必要もなくなります。

結果、商品原価2割は変わりませんが、広告費と販管費が大きく減って、ともに1割程度になるのです。すると利益は6割、同じ売上が3倍の利益を生み出すことになります。

美健ECは、最終的にフェーズ2で成功しなければ意味がないことがわかると思います。

数値管理の指標——基礎の基礎

ECでは、広告が大きな役割を果たすため、その有効性や効果を測る指標をいくつも、分析に用いることになります。

そのうち、基礎になるものを簡単に説明しておきましょう。本文に、ほかの指標や用語が出てきたときは、そのつど解説を加えます。

①CPC（クリック単価）

広告にも、さまざまな種類があります。

その中で、消費者が特定のキーワードで検索をしたときに、検索結果に表示されるのがＰＰＣ（リスティング広告）です。知名度のない商品をＷｅｂで知ってもらうには必須ですが、その広告代の相場を示すのがＣＰＣ（クリック単価）です。

低いほうが割安で、ニッチな悩みに応える商材をマーケットにぶつけるとき、利用価値が最大になります。この詳細も後述します。

②ＣＶＲ（コンバージョン率）

ＬＰを訪れた人が商品を購入してくれた割合、つまり、先ほど出てきたコンバージョンにつながった割合を示す指標です。

当然、このレートが大きいほどよいわけですが、通常、美健ＥＣにおけるＣＶＲは１％ぐらいです。しかし、私がコンサルティングしている事例では、その数倍は当たり前で、中にはＣＶＲ10％という驚異的な数字を叩き出すプレーヤーもいます。

③ＣＰＲ（コスト・パー・レスポンス）

「広告費÷あらゆるレスポンス数」で示されます。

レスポンス数には、お試し品か本品かを問わず、あらゆるオーダー数を含めます。

１ステップで本品を購入してもらう設計の場合、この数値は次のＣＰＯと一致します。お試し品を第１段階に、２ステップで本品受注にこぎつける戦略の場合は、お試しを獲得するのに要した費用を意味します。

④ＣＰＯ（コスト・パー・オーダー）

「広告費÷本品のオーダー数」で示されます。

このオーダー数は、本品の受注を意味し、ＣＰＯは、１件の本品受注を獲得するのに、いくら広告費がかかったかを示します。

一般的なＣＰＯの目標値は、本品価格の１・５～２倍です。つまり、売ろうとしているのが１万円の商品なら、１万５０００円から２万円ということになります。

ここでかかる広告費は、通常、本品価格より高くなります。まずはオーダーを獲得して顧客になってもらい、その後のリピートで黒字に転換していくのです。

⑤ＣＰＡ（コスト・パー・アクイジション）

「広告費÷獲得した顧客数」です。

これは、ズバリ顧客リストの獲得効率に当たります。

１ステップで本品を受注する設計の場合はＣＰＯと、２ステップの場合はＣＰＲと一致します。

ＣＰＡは、展開している広告が顧客リスト作りに奏功しているかどうかを見る指標として、非常に重要です。

１ステップならＣＰＯと同じ本品価格の１・５～２倍が目標値になります。２ステップなら、一般的に本品価格の３～７倍が目標値。２ステップで初回お試し価格１０００円なら、３０００～７０００円がＣＰＡの目標値です。

これ以上に広告費がかかっている場合は、広告のクリエイティブか、媒体の訴求力か、いずれかに問題があることになります。

⑥MR（メディアレーション）

「広告で得た売上÷広告費」。これは、広告費の元が取れたかどうかを示します。仮にこの数字が1であれば、すでに広告費が回収できていることになりますが、そういうケースはほとんどありません。私は、0・5を目標値にしています。つまり、広告費の半分を回収するということです。初回購入時にMRが1を切っていても、その後のリピートでそれを上回る売上を回収できるからです。美健ECでは、一般にMR0・2から0・3ぐらいを目標にすることが多いようです。

⑦LTV（ライフタイム・バリュー）

ライフタイムとは、生涯のことです。そこで本来は、「1人の顧客が生涯を通じて、その会社に使ってくれる金額」を意味します。

ただし、美健ECを含むベンチャー企業にとっては、1年1年が勝負です。そこで、ビジネスの立ち上げがうまくいっているのかを測る指標としては、「獲得した顧客が1年間に使ってくれる金額の平均」を採用します。

本書でも、ＬＴＶはこの意味で使い、単にＬＴＶという場合は初年度ＬＴＶのことを指しています。初年度ＬＴＶの目標値は一般的には1万円ぐらいですが、私は5万円を基準にしています。

ＬＴＶこそ、その最大化が成功への道しるべとなる数値であり、最も重視したい指標です。そのためには、ＣＲＭを最適化すること。そして、ＬＴＶを押し上げてくれる多額の購入客、つまりロイヤルカスタマーを数多く育て上げることがカギになります。

第4章

レスポンスを飛躍的に高めるエビデンスリーガルマーケティング

「2年で月商2億5000万円」をサポートしたELM理論

美健ECはレスポンス形成から始まる

前述したように、美健ECの本質はリストビジネスです。ビジネスとして成り立たせるには、まず消費者のレスポンスを得ることが必要となります。

そのレスポンスを獲得するためにシャープな威力を発揮するのが、私のエビデンスリーガルマーケティング理論（ELM理論）です。

ELM理論は、①マーケティング上、訴求力のある尖った広告表現を、②リーガル

図表4―1　ELM理論

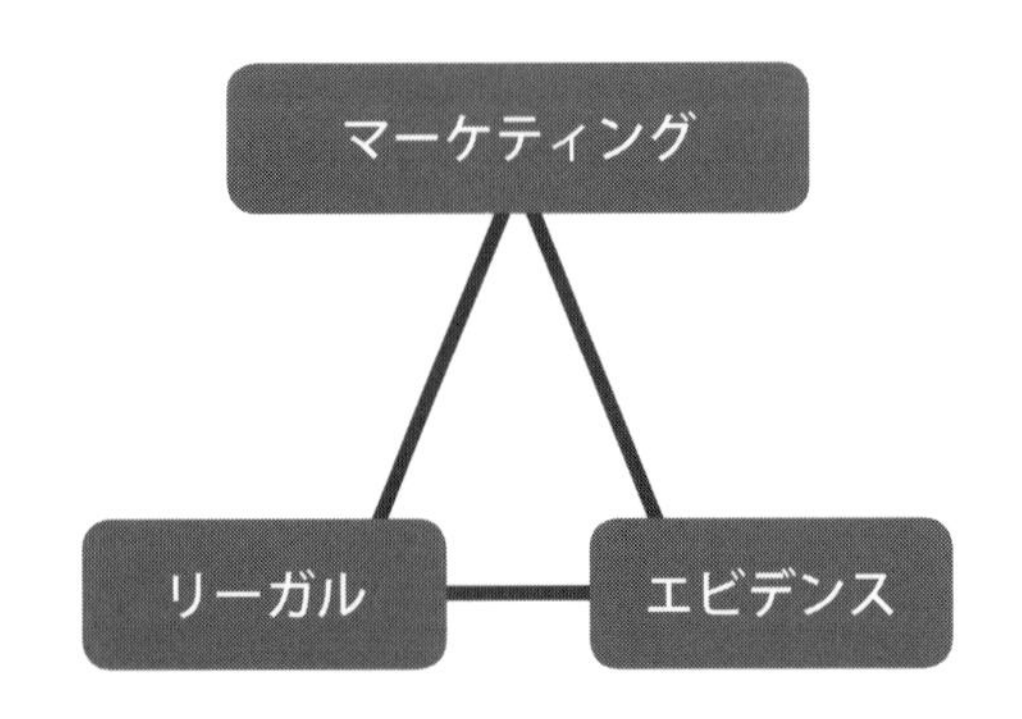

分析により薬事法上適法な手法で、③エビデンスのバックアップによって景表法上適法に、かつ効果的なものに磨き上げるという三位一体のマーケティング理論です。私が独自に考案し、日本で唯一実践に応用しています。

法の壁を越えて強い訴求を可能にする

薬事法の壁をいかにクリアするか

ＥＬＭ理論は、巻頭のモデルケースに挙げた成功事例のすべてで絶大な効果を発揮していますが、ここでは〈事例Ｃ〉をもとに説明しましょう。

「痩せる」「ダイエット」というワードが、消費者にとっていかに刺さるワードであるかは言うまでもないところでしょう。しかし、そこには「薬事法」という、非常に高い規制の壁が存在しています。

薬事法は、国内に流通する医薬品等（医薬品・医薬部外品・化粧品・医療機器）の品質や有効性、安全性などを確保するための法律で、商品の表示・広告についても規制を定めています。

そこで、その規制に抵触しないようにするための、リーガル分析の必要が生じます。

例外ゾーンに突破口を見つける

ＥＬＭ理論におけるリーガル分析の一つのポイントは、規制の例外を見つけることです。

例外ゾーンは、そこに気がつかない人は参入してこないので、低競合のブルーオーシャンとなる可能性があるからです。

「ダイエット」に関して規制の例外を探すと、昭和60年に厚生省（現厚生労働省）が次のように通知を出しています。

「カロリーの少ないものを摂取することにより、摂取する総カロリーが減少して結果的に痩せることは医薬品的な効能効果といえない」

健康食品の表現に関して原則はどうかというと、薬事法の規制では「商品の効果として体の具体的変化を述べることは不可」とされています。

しかし、カロリーの少ない健康食品を摂取することで摂取カロリーが減少し、結果的に痩せるのは体に作用した結果ではないので、商品の医薬品的な効能効果というほどのことはないと通知で言っているわけです。

つまり、「カロリーが低いものを食べているから痩せる」というのは、薬事法違反にならないということです。

ここから、食事の代わりにカロリーが低い健康食品を摂って痩せるという「置き換えダイエット」の考え方が登場します。つまり、置き換えダイエットは「痩せる」が訴求できる例外ゾーンなのです。

最強のコンテンツは数字、ビフォーアフター

以上のようなリーガル分析を行うことで、健康食品であっても効果訴求が適法に可能なゾーンが見つかります。あとは、そこをどのようにマーケティングとして効果的に攻めていくかです。

ここで威力を発揮するコンテンツが、数字、ビフォーアフターであることは言うまでもないことでしょう。

たとえば〈事例D〉を見てください。

鮮烈なビフォーアフター訴求と「23kg痩せ」という刺激的な数値が消費者に刺さって、見事に売上を伸ばしました。

強い訴求に立ちはだかるもう一つの壁「景表法」

しかし、ここでもう一つ、越えなければならない規制の壁があることも忘れてはいけません。

それは、景表法の壁です。

景表法は、消費者が自主的、合理的によりよい商品を選べる環境を守る目的で、不当な表示や、過大な景品類の提供を規制する法律です。不当な表示というのは、Web上の広告などに商品・サービスの品質、内容、価格などを偽って表示することを指します。

景表法の規制は、大まかに言うと「訴求していることに根拠があるか」を問う

図表4—2　X社の処分に関するプレスリリース（イメージ）

各位

平成●年●月●日

消費者庁からの措置命令に基づくお客様対応方針について（追記順）

平素は格別のご愛顧を賜り、厚く御礼申し上げます。

このたび弊社は、平成●年▲月▲日、消費者庁より景品類及び不当表示防止法第4条第1項1号に違反するものとして、同法第6条に基づく措置命令を受けました。本件は、弊社商品「X-1 α（種別：美容機器）」の弊社会報誌での表現に一部優良誤認があると判断されたものです。

お客様をはじめ、株主様、お取引先様、その他関係者の皆様に多大なるご迷惑をおかけいたしましたことを心よりお詫び申し上げます。

このたびの消費者庁からの措置命令を受け、弊社商品「X-1 α（種別：美容機器）」につきまして、ご希望のお客様には、下記のように返品返金対応を行わせていただくことと決定しました。また、本件のお詫びにつきましては、弊社オンラインショップおよび弊社IRサイト、会員様にお送りする会報誌にて行ってまいります。

●返品対象商品：「X-1 α」
・販売開始より販売終了まですべての期間にご購入いただいた当該商品
・通信販売でのご購入、店舗でのご購入等は問いません
・弊社から抽選にて景品として差し上げた当該商品は対象外とさせていただきます

●返金対応期間：平成●年■月■日までに下記お問い合わせ先までご連絡いただいたもの

返品返金をご希望されるお客様につきましては、大変恐縮ではございますが、下記お問い合わせ先までご連絡いただきたく、何卒ご協力賜りますようお願い申し上げます。返品返金の詳しい方法等について、ご案内させていただきます。
なお、現行品のX-◎◎につきましても、今後同様のご指摘を受けることのなきよう、速やかに改善してまいりますが、X-◎◎につきまして返品返金のご希望がございましたら、下記フリーダイヤルまでご連絡くださいませ。

弊社は措置命令を受けた事実を真摯に受け止め、今後このようなことのなきよう万全を期してまいりますので、引き続きご愛顧を賜りますよう何卒よろしくお願い申し上げます。

株式会社X

【お問い合わせ先】（略）

ものです。根拠のないことを過大に表現すると、最悪の場合、「措置命令」という処分を受けます。この処分は、その広告を止め、謝罪広告を新聞やＨＰに載せるというものです。そして、その処分の事実はプレスリリースされて、メディアに報道されます。

このメディア報道は、有名企業であればあるほど大きな打撃となります。たとえば、以前に措置命令を受けた東証1部上場のＸ社の事例があります（図表4－2参照）。

Ｘ社は、メディア報道後10日間で、株価が5円下落し、時価総額として約26億円が消え去っています。しかも、これが原因で上場以来初の減収減益になったと言われています。

臨床試験のゴール設定と試験機関選びが重要

以上のような景表法の脅威を回避するには、ＬＰなどの自社広告で訴求している機能性の根拠、すなわちエビデンスが必要です。

ただ、ここで注意しなければならないのは、エビデンスをやみくもに作るので

図表４―３　Ｙ社のお詫び広告（イメージ）

弊社が過去に掲載いたしました「Ｙの●●」シリーズの広告表示の一部に、消費者の皆様方に対し不適切と思われる表示をしておりました。広告表示を訂正し、謹んでお詫び申し上げます。今後は適正な表示に努め、消費者の皆様方が正しい商品選択をできるよう尽力してまいりますので、引き続きご愛顧のほどよろしくお願い申し上げます。

株式会社Ｙ

はなく、訴求ポイントとの関係を考慮して作ることが重要だという点です。

２０１５年５月、エビデンス作りに年間１億円以上費やしていると言われる健食通販大手のＹ社が、景表法違反で行政指導を受けました。

その結果、Ｙ社は図表４―３のようなお詫び広告を出すはめになりました。多額の予算をかけてエビデンス構築をしているのに、なぜこのような事態が生じるのでしょうか。

一つには、臨床試験のゴール設定を間違えて試験をしているために、このような結果になってしまうのではないかと思われます。

世の中には数多くの臨床試験機関がありますが、その大半は、自然科学的真実を追究することが試験の目的であると考えています。しかし、クライアントが求めているのは、広告で訴求していることの証明です。

この点、私が試験に用いる臨床試験機関ＪＡＣＴＡ（一般財団法人日本臨床試験協会）は、ＹＤＣがゴール設定をアドバイスしているので、クライアントのニーズとのズレがありません。１億円以上かけているのにクライアントの求める方向に進んでいない、ということにはならないのです。

エビデンスを作るうえで、臨床試験機関選びはとても重要です。

体験談にもエビデンスが必要

エビデンスの作成上、景表法とのからみでもう一つ注意すべきポイントがあります。

健食のＬＰには、利用者の声（体験談）を載せることがよくあります。体験談は非常に強いコンテンツになるので、美健ＥＣに不可欠とも言えるのですが、これにもやはり規制があるのです。

それは、２０１３年12月24日に消費者庁が出した、健康食品の体験談に関する通知で述べられている内容です。

通知はこのように言っています。

「体験者、体験談は存在するものの、一部の都合の良い体験談のみや体験者の都合の良いコメントのみを引用するなどして、誰でも容易に同様の効果を期待できるかのような表示がされている場合は、『人を誤認させるもの』とする。」

利用者が体験した数字のバックデータを揃える

モデルケースの〈事例Ｄ〉を再度ご覧ください。女性の「23 kg痩せ」をフィーチャーしたＬＰです。

先ほどの通知の内容を、この広告に当てはめて解説すると、こういうことです。

「①この広告の女性の数字が真実であることは当然必要だが、それ以外に、②この数字が一部の例外ではないというバックデータも必要」

広告で露出している女性の数字をうたうためには、こういうバックデータが揃っていないといけません。それがないと、景表法違反になります。

景表法対策を万全にする2ポイント

以上のことから、景表法の守りについては、次の2点を押さえておく必要があります。裏を返せば、ここを押さえておけばほぼ大丈夫ということです。

①広告で何を訴求したいのかをはっきりさせ、その目的とマッチした臨床試験を行う。

②広告に体験談を出すときは、それが一部の例外と言われないようなバックデータを揃える。

このようにエビデンスを作ったうえで理論武装すれば、最大限強い広告を作ることが可能となります。

ここは、マーケティングの観点から、非常に重要なポイントです。私がエビデンスマーケティングという手法を提唱しているのは、まさにそのためです。

統計学とメディカルコンテンツ

試験結果を一般的なデータにする手法

エビデンスマーケティングに必要な統計の考え方も、簡単に説明しておきましょう。

ＲＣＴでエビデンスを作るために、臨床試験を10人の被験者で行ったとします。それをデータにする際は、10人分の結果を表にまとめたらそれで終了というわけではありません。

臨床試験の結果をまとめる際は、必ずその10人分のデータをまとめて統計処理します。つまり、統計学を使うことで、10人分のデータが、１万人にも10万人にも、１００万人にも該当する一般的なデータになりうるのです。

統計学をどう使うかは、とても重要なポイントです。

ただし、被験者が少ないと、統計上の有意差（意味のある差）が現れにくいため、ＪＡＣＴＡでは通常、サンプル群25人、対照プラセボ群25人の被験者を用意しています。

〈事例C〉をご覧ください。

「99・5％が痩せてます！」という、とても刺激的な表現があります。

この表現は、1000人中995人が痩せたというデータに基づいて言ってい るわけではありません。100人前後のデータを統計学の観点から分析して言っ ているのです。

統計学による理論化によって、このように強い広告を作ることが可能となるの です。

メディカルコンテンツ

医師や医学雑誌に絡めたコンテンツを、私は「メディカルコンテンツ」と呼ん でいます。これも強力な訴求力を発揮します。

〈事例B〉をご覧ください。

実は、私が同社の社長と出会った当初、この化粧品はまったく売れていませんでした。それもそのはずです。まったく無名の化粧品を、１万２０００円も出して購入する人などほとんどいないでしょう。

そこで、私は何とかこの化粧品に「うんちく」を付けられないか考えました。そこで考えたのが「医学雑誌に掲載された第１位の美容液」というコピーです。

詳しくは前々著で述べたので省略しますが、ＬＰやバナーに医学雑誌の画像も載せました。このメディカルコンテンツが消費者の信頼感を増すとともに、史上初のコピーの斬新さもあって、思惑どおりに新規顧客を獲得し、ＬＰのＣＶＲも10％近くにまで上昇しました。

メディカルコンテンツは、このように強力なコンテンツなのです。

第5章

ＭＲ理論に基づく商材選定

商材選定の鉄則1「ニッチな悩みを狙え!」

美健ECで、簡単に早く成功したければ、商材をニッチな悩みに応えるものにするという手があります。

ニッチな悩みに対する解決策の提案は、競合が少ないのでスルスルと売上を伸ばしていける場合がしばしばあります。

いくつものニッチ医薬部外品ECが成功

そのことを実証したのが、ここ数年続いた、ニッチな悩みに応える医薬部外品を商材としたECの成功事例です。

「わきが」「わきの黒ずみ」「背中ニキビ」「おしりニキビ」「あごニキビ」

こうしたニッチな悩みに応える医薬部外品ECが、2年で年商10億とか、1年で年商6億など、華々しい成功を収めてきました。

ある事例の社長は、スタート時は住むところもなくて知り合いのオフィスに寝泊まりするほどでした。しかし、巧みなＥＣ戦略を展開した結果、なんと2年後には、着ているものからカバンまで高級ブランドで決めた「バブリー社長」にすっかり変身していました。私も彼のＥＣ戦略に少々関わったので、印象に残っています。

成功のカギは「低競合」であること

ただ、このビジネスモデルも、ここにきて翳りを見せてきています。マネをする業者が続々と出てきて、低競合ゆえに安くできていたプロモーションが、同じようには展開できなくなってしまったのです。

医薬部外品は「わきが」「美白」「ニキビ」など、訴求可能なカテゴリーが限られているうえ、ＯＥＭ商品を提供してくれるメーカーさえ見つければ、誰でも、明日からでも参入できます。

そのために、あっという間に過当競争に陥ってしまったのです。

この点、機能性表示健食を商材にする場合、特にその中でもエビデンスをＲＣ

Tによって構築する場合は、参入コストが2000万くらいかかるので、すぐに競合が現れることはあまりありません。少なくとも、知り合いのオフィスに寝泊まりしなければならないようなプレーヤーはまず参入できません。

また、ニッチな悩みでエビデンスを作るにはノウハウが必要なので、今のところは、私が絡まないかぎり実現は難しいと思います。

たとえば、「足のむくみ」という悩みがあります。

このニッチな悩みを攻めることにしたあるベンチャー企業の社長は、そのカテゴリーでの独占契約を結ぶことを条件に、私に機能性表示取得を依頼してきました。それゆえ、彼が4年でビリオネアの仲間入りをするころまでは、市場を独占できるだろうと思います。

商材選定の鉄則2「マーケットに聞け！」

商材を選定する際に、絶対に忘れてはならないことがもう一つあります。

それは、商材は自分の頭で考えて決めるのではなく、マーケットのニーズを調べて決める、ということです。

頭で考えて想定したことが現実のマーケットとは異なっていた、ということは、よく見られる現象です。

頭で決めつけるとチャンスは見つからない

たとえば、「おでこニキビ」はどうでしょう。

額のニキビといえば、10代の若者の悩みという先入観を、多くの人が持っているものです。

また、業界のなかでも「ニキビなんて巨大商品があるから、今さら…」などと考える人がけっこういるようです。

しかし、実際にマーケットを調査すると、意外にも、実に多くの30代が「おでこニキビ」で悩んでいることがわかります。大人のニキビに悩んでいる人も少なくないのです。

また、少し調べれば、すぐに「巨大商品Aは、刺激が強すぎてダメでした…」「あらゆる手段・商品・クリニックを試しましたが、ダメでした…」といった、利用者の悩みが吐露されたコメントも多数見受けられます。

このように、競合が多数いることが容易に想像できるマーケットでは、「もう需要より供給が大幅に上回っている」といった先入観を抱きがちなのですが、その市場にも、まだまだニーズが埋もれている可能性があるのです。

もし、競合他社が決定的な解決策を提案済みであれば、おでこのニキビに悩む人は、この世からいなくなっているはずです。

大手検索サイトのツールを活用

マーケットのニーズを調べるときに役立つのが、大手検索サイト２社が提供しているサービス、グーグルの「キーワードプランナー（旧キーワードツール）」と、ヤフーの「Ｙａｈｏｏ！（ヤフー）知恵袋」です。

具体例をあげて解説しましょう。

ニッチな悩みを狙ったE社のリサーチ

Ｅ社が、新たにニッチな美容商材を売り出すことになりました。社内で新しい商材の訴求ポイントを募ったところ、９つの悩みポイントが候補に挙がりました。

⑴セルライト、⑵爪が割れる・二枚爪、⑶おでこニキビ、⑷胸・デコルテニキビ、⑸まぶたたるみ、⑹涙袋、⑺デリケートゾーン・黒ずみ、⑻すそわきが、⑼乳首・黒ずみ、です。

図表５—１　リサーチの結果①

【1】セルライト

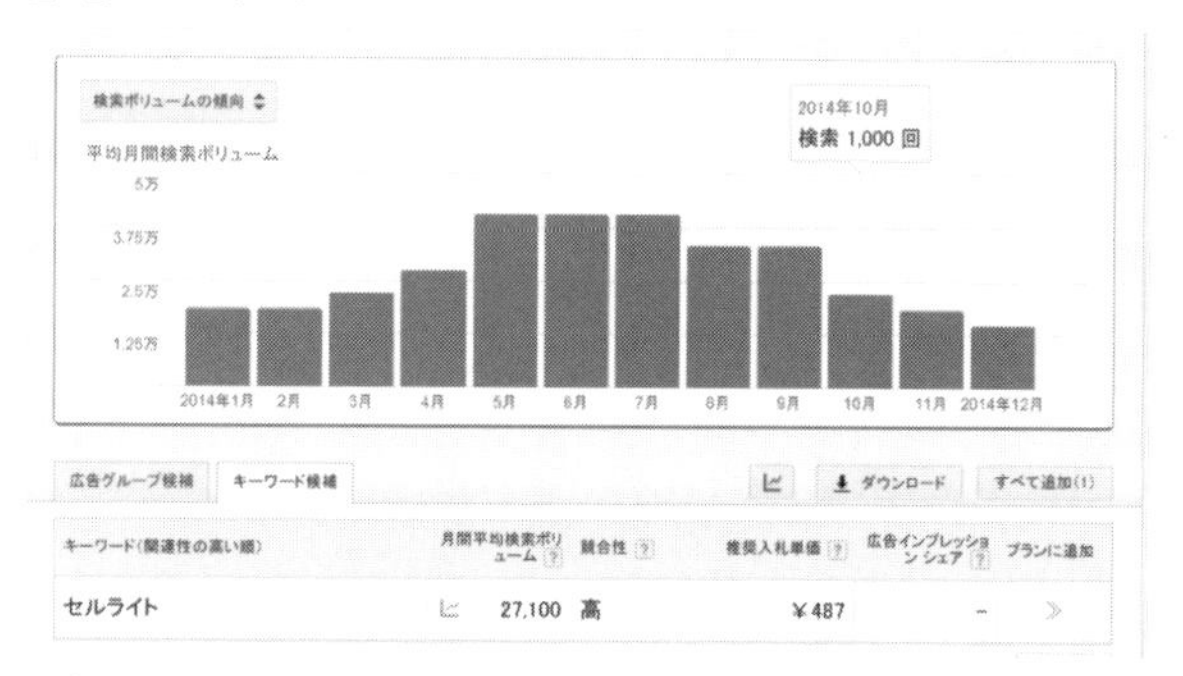

①教えてgoo(Q&A検索結果数):　1,201件
②Yahoo知恵袋(Q&A検索結果数):　7,845件

【2】爪が割れる・二枚爪

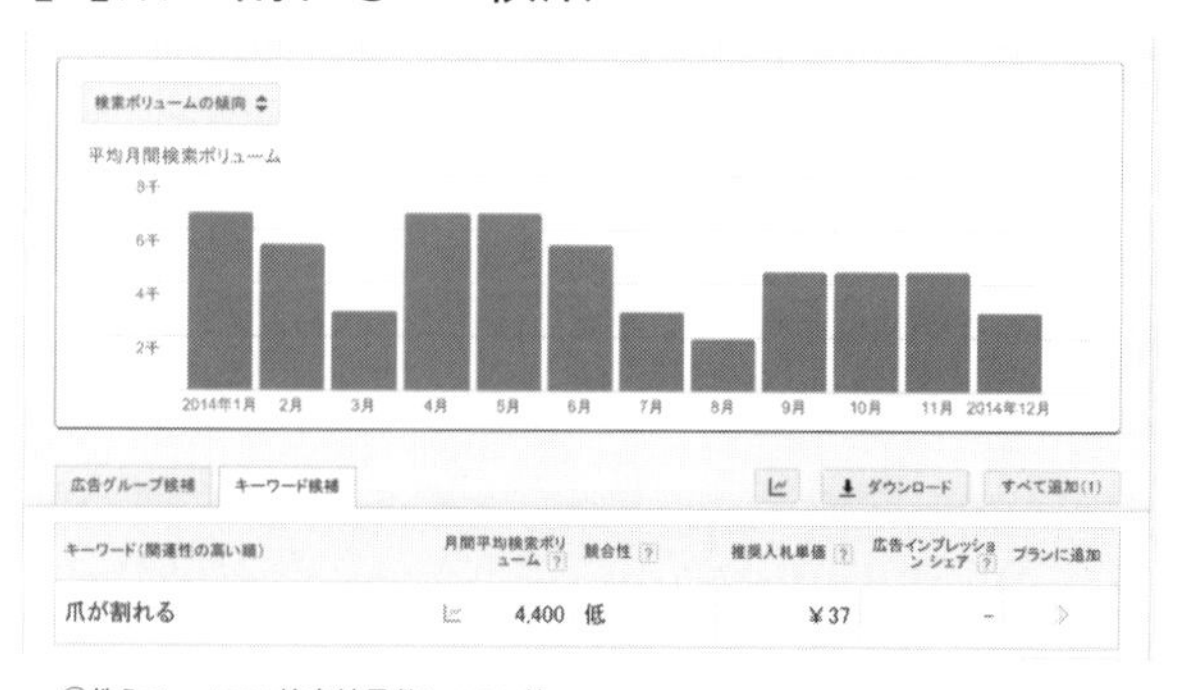

①教えてgoo(Q&A検索結果数):　1,234件
②Yahoo知恵袋(Q&A検索結果数):　1,169件

そこで、キーワードプランナーで検索ボリュームとクリック単価を調査、Ｙａｈｏｏ！知恵袋でＱ＆Ａ件数を調べてみました。

検索ボリュームとＱ＆Ａ件数からはマーケットの関心の強弱がわかり、クリック単価からは広告の競合度がわかります。

検索ボリュームは、月間１万件くらいあれば、マーケットの関心がかなり高そうだと言えます。他方、クリック単価は月間検索ボリュームの１～３％くらいなら、広告競合度は低いと言えます（前者が１万件なら１００～３００円）。

E社のリサーチの結果と分析

リサーチの結果をまとめたものが図表５―１～３（P.88・92・95）、以下が分析コメントです。

(1) セルライト

①圧倒的に、悩みの部位は、下半身に集中していた。

（特に、a太もも、bお尻、cふくらはぎ）
②自宅でできる解消法が探されていた（競合広告で目立つのはエステばかり）
↓運動で解消しようとしない人たちが叩かれていた。
③20～40代、体重40～50kg台の人が多い
↓セルライト解消≠単なるダイエット
↓肥満ではない、美意識の高い女性が多かった。
※セルライトは、体重が落ちても解消できなかったりする模様
④冷え症・便秘にお悩みの方も。相関あり？　↓クロスセルの可能性

(2)爪が割れる・二枚爪

①a ジェルネイルによって爪を傷めた人
b ジェルネイルをしたくて爪を補強したい人
c 素爪でも生活に支障をきたす人（ジェルネイルに興味なし）
②10～50代まで幅広い年齢層

③①のｃは主婦が多い模様。
水仕事で爪が割れ、洗濯時に引っ掛かったり、乳児を傷つけそうになったりして悩む。
④解決法は、以下のものが提案されていた。
ａ キューティクルオイルとハンドクリームをこまめに塗る
ｂ 生活習慣を整える
ｃ 爪切りを使わない（やすりで爪を整える）
ｄ 病院へ行く（低色素性貧血）

⑷ 胸・デコルテニキビ

①「何をしてもダメだった」などは、⑶おでこニキビと似ている。
②意外と、デコルテニキビは背中ニキビとワンセットで悩んでいる人が多い（両方に悩んでいる）
※顔には出ず、体だけというケースも多いらしい（背中ニキビとの併記は多かっ

図表5－2　　リサーチの結果②

【4】胸・デコルテ ニキビ

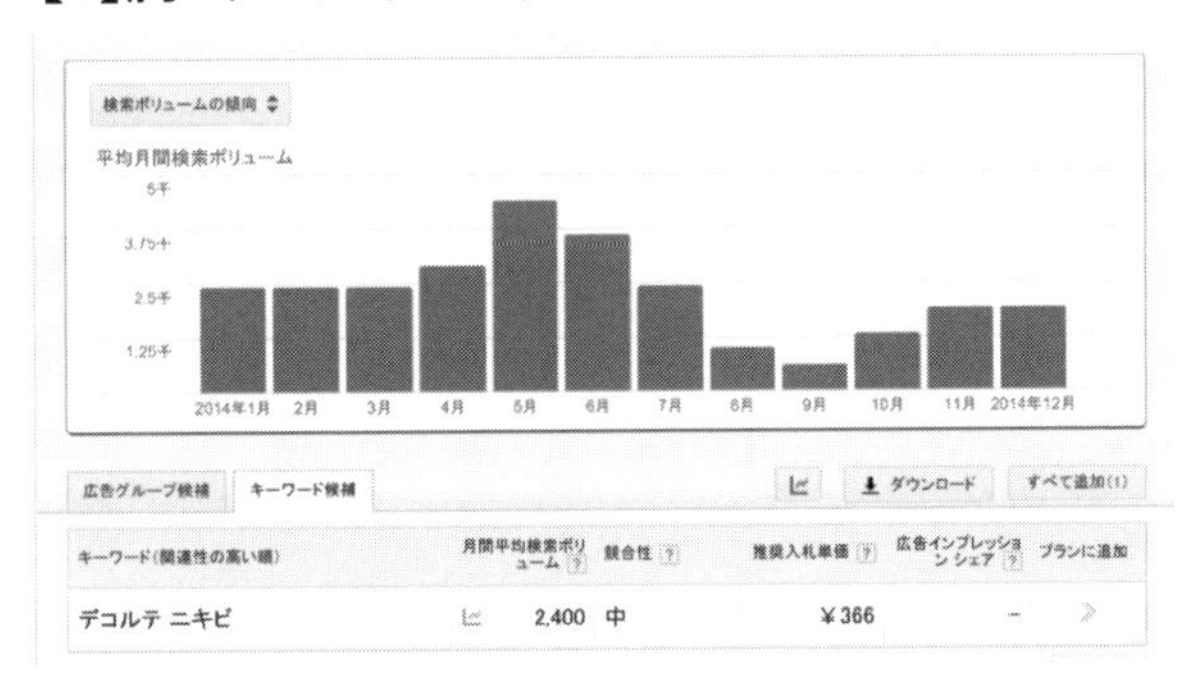

①教えてgoo(Q&A検索結果数):　111件
②Yahoo知恵袋(Q&A検索結果数):　671件

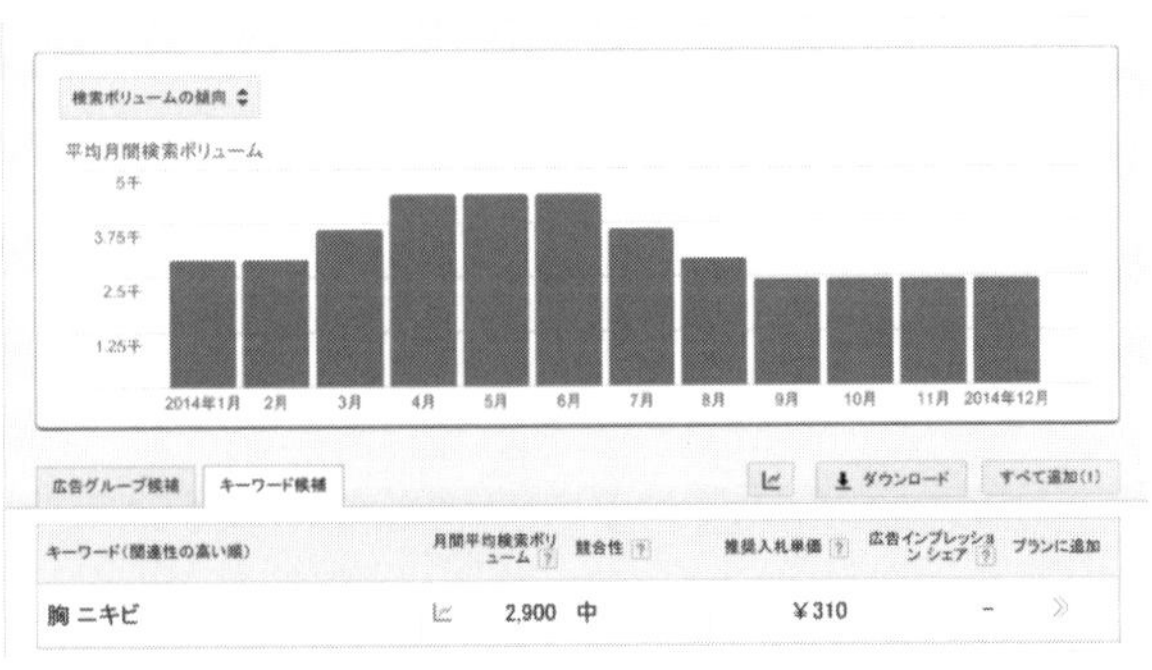

①教えてgoo(Q&A検索結果数):　575件
②Yahoo知恵袋(Q&A検索結果数):　3,885件

たが、顔は必ずしもワンセットではなかった）

③背中や胸元が見える服を着用できない。

　海やプールに行けない（水着無理）などで悩んでいた。

④おでこニキビと違い、「皮膚科へ行くのが恥ずかしい」という声も多かった。

（医師に背中や胸元を診てもらうことが）

(6) 涙袋

ほかの訴求ポイントが「トラブル解決型」なのに対して、これは、「チャームポイント要望型」であるところが特徴。

①目の小ジワなどだと競合が多いので、「涙袋とフィフローをつなげてもおもしろいのでは？」と考えた。

②(1)セルライトから(5)まぶたたるみに比べ、圧倒的に客層が若い。

（カラーコンタクトなどが好きそうな）10代が多いので、おススメできない？

③ただし、主流解決策の「ヒアルロン酸注入」は、内出血が多く、整形以外

の解決法は熱望されている。
④競合商品：スキャンダラスドロップ（プラセス製薬）
⑤ちなみに、10代男子も涙袋を欲しがっていた…

(7)デリケートゾーン　黒ずみ

①10〜30代女性が中心。
②このキーワードで探すと、以下3タイプの悩みが見受けられた。
　a　バストの黒ずみ
　b　陰部の黒ずみ
　c　陰部のにおい
③「バストの黒ずみを消せる美白液はありますか？」「ケシミンクリーム（小林製薬）はバストトップにも使えますか？」とのご質問も。
（「グラビアアイドル愛用」というフレーズも刺さった模様）
クリニックでは、トレチノイン、ハイドロキノンが処方されているらしく、

図表５―３　リサーチの結果③

【6】涙袋

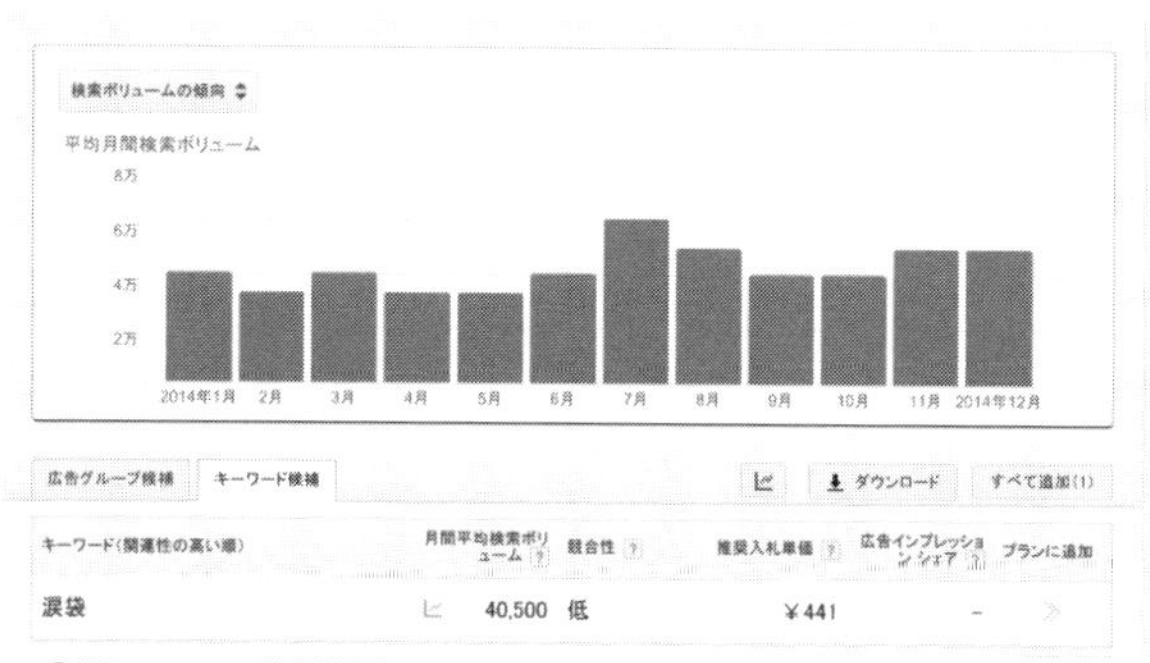

①教えてgoo(Q&A検索結果数): 1,550件
②Yahoo知恵袋(Q&A検索結果数): 5,494件

【7】デリケートゾーン　黒ずみ

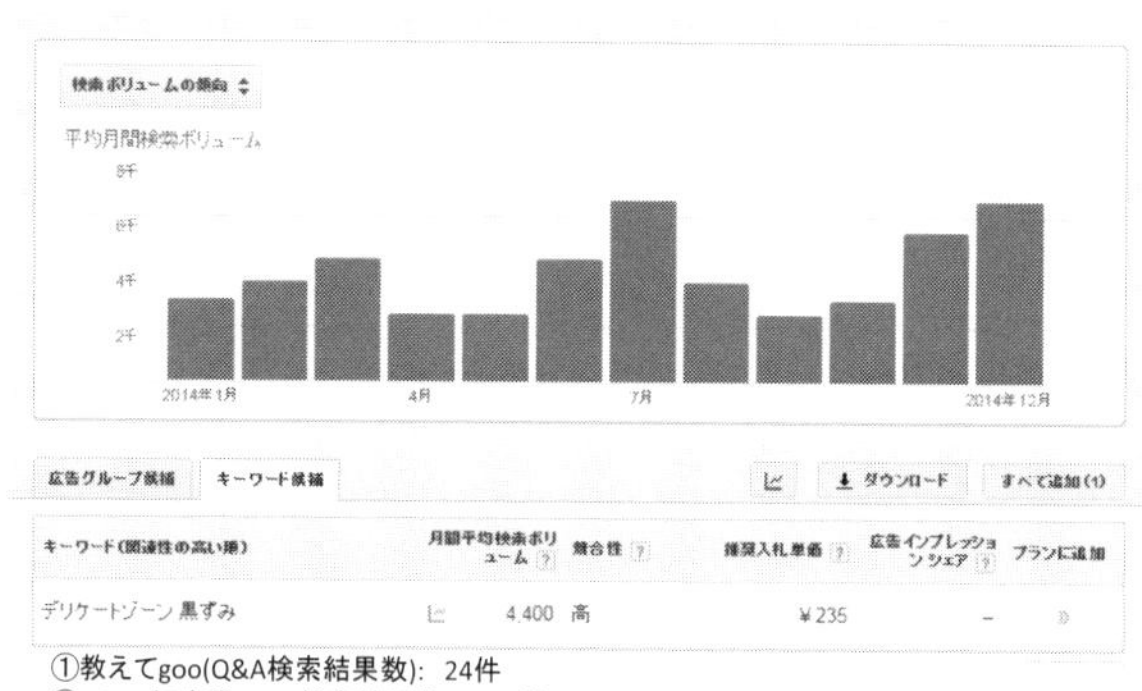

①教えてgoo(Q&A検索結果数): 24件
②Yahoo知恵袋(Q&A検索結果数): 285件

塗布で改善されるかも、というイメージは浸透している。
④デリケートゾーンの黒ずみケア商品としての競合はジャムウソープ。
⑤バストトップの皮をむいて（負傷させて）まで色の改善を試みる人もいるらしく、悩みは深い。
⑥「彼女のデリケートゾーンを改善したい」男性の相談者も見受けられた。
⑦「一時的でもいいから、即効でピンクにしたい」という声はおもしろかった。
この場合、望まれているのはデリケートゾーンのメイクアップアイテムになるが、専用のリムーバーやケアアイテム（即効ではないほう）のクロスセルが期待できる。
⑧デリケートゾーンのにおいから、「すそわきが」というキーワードが出てきた。
調べてみた結果、検索ボリュームは大きいのに競合が少なかった。
悩みが深刻なうえに店頭では購入しづらい商品なので、これも可能性がありそうだ。

暫定的結論

Ｅ社は、リサーチ結果と分析を比較検討し、新商材の狙い目を絞りました。その際、検討する主なポイントには次のようなものがあります。

①競合は多くないか

たとえば、ニキビは、商品開発側の立場からすると、「今さら感」が大変強いのですが、実際には悩みが深刻で、かつ既存商品で悩みを解決できずに苦しんでいる人が、まだまだたくさんいることがわかりました。

しかし、競合が多いのは事実ですので、同じ好条件のものがあれば、どうせなら競合が少ない商材を選定したいところです。

②客単価は大きくなりそうか

また、涙袋も大きな需要があることがわかりましたが、やはりターゲットの年齢が若すぎる点が懸念されます。

10代、20代の顧客は、客単価も低いうえ、なかなかリピート購入してもらえないため、お悩み系通販に最適とは言いがたいのです。

③高額かつ適法な商材を提供できるか

爪も、ニーズはあるのですが、高額商品を販売するのは難しそうですし、セルライトも非常に良いマーケットではあるものの、薬事法の問題が立ちふさがってきます（P.99～101参照）。

このケースでは、結局、イチ押しの候補として「乳首・黒ずみ」に白羽の矢が立ちました。

「たとえただの石けんでも、デリケートゾーンの黒ずみのケアのためなら、高くてもよい」という傾向が確認できたことが理由の一つです。

そして、バストトップの黒ずみをケアする商品をお客様は「店頭で買いたくない」、つまり、ズバリ通販向け商材だと思われたことが大きな理由です。

なお、デリケートゾーンの黒ずみに関するＹａｈｏｏ！知恵袋でのＱ＆Ａ件数は、相談・回答ともに少ないのですが、閲覧数のほうは２０００件を超えていたりします。

ここからうかがえる傾向として、相談・回答はしにくいものの、関心は高い悩みであることが推測されるのです。

黒ずみを気にする人がいるデリケートゾーンは、乳首だけではないのですが、対象が乳首に絞り込まれたのは、商品化のしやすさという点からです。

商材選定の鉄則３「法の壁をクリアせよ！」

以上のような検討を経て、商材の方向性が決まったら、次に、そこにリーチできる商材を具体化していきます。

カテゴリーでいうと、健康食品、健康美容器具、化粧品、医薬部外品、医薬品になりますが、ここで大きな壁として立ちはだかるのが薬事法の壁です。

薬事法に関する一般的なことは前々著に詳しく書いたので省略し、ここでは結論だけを述べていきます。

ただし、前々著を上梓した当時はなかった機能性表示制度が始まり、現在では「機能性表示健食」というメニューが加わっている点は重要です。

一般健康食品ではどうか

一般の健康食品は基本的に何の効果もうたえないので、狙った商材にリーチするのは難しいところです。

健康美容器具では

健康美容器具は、物理的効果ならうたえます。コロコロローラーのようなもので「黒ずんだ角質を落とす」くらいのことなら言えます。

化粧品では

化粧品は原則としてうたえる効能が決まっており、その56の効能の範囲しかうたえません（P.102図表5―4参照）。

そして、その中には黒ずみに関係しそうなものはありません。しかし、例外的に物理的効果ならうたえるというゾーンがあります。そこを活用し、ピーリングのようなイメージで「黒ずんだ角質を落とす」なら言えそうです。

医薬部外品なら

次に、医薬部外品です。医薬部外品のカテゴリーの中には、薬用化粧品があります。しかし、該当しそうな美白剤（化粧水、クリーム、日焼け止め、パック）の効能は、基本的に「日焼けによるシミ・ソバカスの予防」なので、乳首の黒ずみとは結び付きません（P.１０４図表5―5参照）。

医薬品は

医薬品には、シミの解消を目的としたものならありますが、乳首の黒ずみとは距離があります。新たにそういう効能の商材を作るという手もありますが、医薬品は承認制なので、簡単ではありません。

図表５―４　化粧品の効能・効果の範囲

(1) 頭皮、毛髪を清浄にする。
(2) 香りにより毛髪、頭皮の不快臭を抑える。
(3) 頭皮、毛髪をすこやかに保つ。
(4) 毛髪にはり、こしを与える。
(5) 頭皮、毛髪にうるおいを与える。
(6) 頭皮、毛髪のうるおいを保つ。
(7) 毛髪をしなやかにする。
(8) クシどおりをよくする。
(9) 毛髪のつやを保つ。
(10) 毛髪につやを与える。
(11) フケ、カユミがとれる。
(12) フケ、カユミを抑える。
(13) 毛髪の水分、脂分を補い保つ。
(14) 裂毛、切毛、枝毛を防ぐ。
(15) 髪型を整え、保持する。
(16) 毛髪の帯電を防止する。
(17)（汚れをおとすことにより）皮膚を清浄にする。
(18)（洗浄により）ニキビ、アセモを防ぐ（洗顔料）。
(19) 肌を整える。
(20) 肌のキメを整える。
(21) 皮膚をすこやかに保つ。
(22) 肌荒れを防ぐ。
(23) 肌をひきしめる。
(24) 皮膚にうるおいを与える。
(25) 皮膚の水分、脂分を補い保つ。
(26) 皮膚の柔軟性を保つ。
(27) 皮膚を保護する。
(28) 皮膚の乾燥を防ぐ。

(29) 肌を柔らげる。
(30) 肌にはりを与える。
(31) 肌にツヤを与える。
(32) 肌を滑らかにする。
(33) ひげを剃りやすくする。
(34) ひげそり後の肌を整える。
(35) あせもを防ぐ（打粉）。
(36) 日やけを防ぐ。
(37) 日やけによるシミ、ソバカスを防ぐ。
(38) 芳香を与える。
(39) 爪を保護する。
(40) 爪をすこやかに保つ。
(41) 爪にうるおいを与える。
(42) 口唇の荒れを防ぐ。
(43) 口唇のキメを整える。
(44) 口唇にうるおいを与える。
(45) 口唇をすこやかにする。
(46) 口唇を保護する。口唇の乾燥を防ぐ。
(47) 口唇の乾燥によるカサツキを防ぐ。
(48) 口唇を滑らかにする。
(49) ムシ歯を防ぐ（使用時にブラッシングを行う歯みがき類）。
(50) 歯を白くする（使用時にブラッシングを行う歯みがき類）。
(51) 歯垢を除去する（使用時にブラッシングを行う歯みがき類）。
(52) 口中を浄化する（歯みがき類）。
(53) 口臭を防ぐ（歯みがき類）。
(54) 歯のやにを取る（使用時にブラッシングを行う歯みがき類）。
(55) 歯石の沈着を防ぐ（使用時にブラッシングを行う歯みがき類）。
(56) 乾燥による小ジワを目立たなくする。

注１：「補い保つ」は「補う」あるいは「保つ」という効能でも可
注２：「皮膚」と「肌」の使い分けは可
注３：（　）内は使用形態から考慮しての限定

図表５—５　医薬部外品・薬用化粧品の効能・効果の範囲

医薬部外品の効能・効果の範囲　　※に注目してください。

医薬部外品の種類	使用目的の範囲と原則的な剤型		効能・効果の範囲
	使用目的	主な剤型	効能または効果
※ 1. 口中清涼剤	吐き気その他の不快感の防止を目的とする内服剤である。	丸剤。板状の剤型、トローチ剤、液剤。	溜飲、悪心・嘔吐、乗物酔い、二日酔い、口臭、胸つかえ、気分不快、暑気あたり。
※ 2. 腋臭防止剤	体臭の防止を目的とする外用剤である。	液剤、軟膏剤、エアゾール剤、散剤、チック様のもの。	わきが（腋臭）、皮膚汗臭、制汗。
※ 3. てんか粉類止剤	あせも、ただれ等の防止を目的とする外用剤である。	外用散布剤。	あせも、おしめ（おむつ）かぶれ、ただれ、股ずれ、かみそりまけ。
※ 4. 育毛剤（養毛剤）	脱毛の防止および育毛を目的とする外用剤である。	液状、エアゾール剤。	育毛、薄毛、かゆみ、脱毛の予防、毛生促進、発毛促進、ふけ、病後・産後の脱毛、養毛。
※ 5. 除毛剤	除毛を目的とする外用剤である。	軟膏剤、エアゾール剤。	除毛。
※ 6. 染毛剤（脱色剤、脱染剤）	毛髪の染色、脱色または脱染を目的とする外用剤である。毛髪を単に物理的に染毛するものは医薬部外品には該当しない。	粉末状、打型状、液状、クリーム状の剤型、エアゾール剤。	染毛、脱色、脱染。
※ 7. パーマネント・ウェーブ用剤	毛髪のウェーブ等を目的とする外用剤である。	液状、ねり状、クリーム状、粉末状、打型状の剤型、エアゾール剤。	毛髪にウェーブをもたせ、保つ。くせ毛、ちぢれ毛またはウェーブ毛髪をのばし、保つ。
8. 衛生綿類	衛生上の用に供されることが目的とされている綿類（紙綿類を含む）である。	綿類、ガーゼ。	生理処理用品については生理処理用、清浄用綿類については、乳児の皮膚・口腔の清浄・清拭または授乳時の乳首・乳房の清浄・清拭、目、局部、肛門の清浄・清拭。

9. 浴用剤	原則としてその使用法が浴槽中に投入して用いられる外用剤である（浴用石けんは浴用剤には該当しない）。	散剤、顆粒剤、錠剤、軟カプセル剤、液剤。	あせも、荒れ性、うちみ、肩のこり、くじき、神経痛、湿疹、しもやけ、痔、冷え症、腰痛、リウマチ、疲労回復、ひび、あかぎれ、産前産後の冷え症、にきび。
※ 10. 薬用化粧品（薬用石けんを含む）	化粧品としての使用目的を合わせて有する化粧品 類似の剤型の外用剤である。	液状、クリーム状、ゼリー状の剤型、固型、エアゾール剤。	（次ページ参照）
※ 11. 薬用歯みがき類	化粧品としての使用目的を有する通常の歯みがきと類似の剤型の外用剤である。	ペースト状、液状、粉末状の剤型、固型、潤製。	歯を白くする、口中を浄化する、口中を爽快にする、歯周炎（歯槽膿漏）の予防、歯肉（齦）炎の予防。歯石の沈着を防ぐ。むし歯を防ぐ。むし歯の発生および進行の予防、口臭の防止、タバコのやに除去。
12. 忌避剤	はえ、蚊、のみ等の忌避を目的とする外用剤である。	液状、チック様、クリーム状の剤型。エアゾール剤。	蚊成虫、ブユ(ブヨ)、サシバエ、ノミ、イエダニ、トコジラミ（ナンキンムシ）等の忌避。
13. 殺虫剤	はえ、蚊、のみ等の駆除または防止の目的を有するものである。	マット、線香、粉剤、液剤、エアゾール剤、ペースト状の剤型。	殺虫。はえ、蚊、のみ等の衛生害虫の駆除または防止。
14. 殺そ剤	ねずみの駆除または防止の目的を有するものである。		殺そ。 ねずみの駆除、殺滅または防止。
15. ソフトコンタクトレンズ用消毒剤	ソフトコンタクトレンズの消毒を目的とするものである。		ソフトコンタクトレンズの消毒。

薬用化粧品の効能・効果の範囲

種類	効能・効果
1．シャンプー	ふけ・かゆみを防ぐ。 毛髪・頭皮の汗臭を防ぐ。 毛髪・頭皮を清浄にする。 毛髪・頭皮を健やかに保つ。 毛髪・頭皮をしなやかにする。（二者択一）
2．リンス	フケ・カユミを防ぐ。 毛髪・頭皮の汗臭を防ぐ。 毛髪の水分・脂肪を補い保つ。 裂毛・切毛・枝毛を防ぐ。 毛髪・頭皮を健やかに保つ。 毛髪・頭皮をしなやかにする。（二者択一）
3．化粧水	肌荒れ。荒れ性。 あせも・しもやけ・ひび・あかぎれ・にきびを防ぐ。 脂性肌。 剃刀まけを防ぐ。 日やけによるシミ・ソバカスを防ぐ。 日やけ・雪やけ後のほてり。 ＊平成 20 年 4 月 1 日以降申請のものは「日やけ・雪やけ後のほてりを防ぐ」 肌をひきしめる。肌を清浄にする。肌を整える。 皮膚を健やかに保つ。皮膚に潤いを与える。
4．クリーム、乳液、ハンドクリーム、化粧用油	肌荒れ。荒れ性。 あせも・しもやけ・ひび・あかぎれ・にきびを防ぐ。 脂性肌。 剃刀まけを防ぐ。 日やけによるしみ・そばかすを防ぐ。 日やけ・雪やけ後のほてり。 ＊同上 肌をひきしめる。肌を清浄にする。肌を整える。 皮膚を健やかに保つ。皮膚に潤いを与える。 皮膚を保護する。皮膚の乾燥を防ぐ。
5．ひげそり用剤	剃刀まけを防ぐ。 皮膚を保護し、ひげを剃りやすくする。
6．日やけ止め剤	日やけ・雪やけによる肌荒れを防ぐ。 日やけ・雪やけを防ぐ。 日やけによるシミ・ソバカスを防ぐ。 皮膚を保護する。

7．パック	肌荒れ。荒れ性。 にきびを防ぐ。 脂性肌。 日やけによるシミ・ソバカスを防ぐ。 日やけ・雪やけ後のほてり。 ＊同上 肌をなめらかにする。 皮膚を清浄にする。
8．薬用石けん（洗顔料を含む）	〈殺菌剤主剤のもの〉 　皮膚の清浄・殺菌・消毒。 　体臭・汗臭およびにきびを防ぐ。 〈消炎剤主剤のもの〉 　皮膚の清浄、にきび、剃刀まけおよび肌荒れを防ぐ。

（注１）作用機序によっては「メラニンの生成を抑え、シミ・ソバカスを防ぐ」も認められる。

（注２）上記にかかわらず、化粧品の効能の範囲（図表５－４参照）のみを標榜するものは、医薬部外品としては認められない。

なお、薬用化粧品と一般化粧品の範囲はほとんど重なっており、薬用化粧品独自のものとしては次のようなものくらいです。

[1]「にきびを防ぐ」が「化粧水」「クリーム、乳液、ハンドクリーム、化粧用油」「パック」に認められる。

[2]「皮膚の殺菌・消毒」が「薬用石けん」に認められる。

[3]「体臭を防ぐ」が「薬用石けん」に認められる。

そして「機能性表示健食」なら

さて、機能性表示健食はどうでしょうか。

当然、病気のゾーンには入っていけませんが、乳首の黒ずみは病気とは関係ないので、そこは問題ありません。

仮に機能性表示を狙うとして、エビデンスをＳＲで構築するなら、乳首の黒ずみを取り扱った試験論文が必要です。しかし、ＲＣＴで行くのなら前例は不要で、試験で結果さえ示せればＯＫです。

以上のように検討すると、薬事法の壁を越えられそうなのは、コロコロローラーのような健康美容器具、ピーリングのような化粧品、そして、機能性表示健食ということになります。

商材選定の鉄則４「ＬＴＶ適性を見よ！」

次にやるべきことは、ＬＴＶ適性の検討です。

前述したように、美健ＥＣのキャッシュポイントはＣＲＭ（P.56参照）にあります。つまり、リピートやクロスセルに結び付ける顧客管理が稼ぎどころなのです。

顧客が1年当たりにいくら購入してくれるかを示すＬＴＶ（P.62参照）は、そこでいくら稼げるのかを端的に示す目安です。マーケットや商材のＬＴＶ適性を見ることは、ＥＣを立ち上げる際に極めて重要なポイントです。

ＬＴＶが伸びないと利益に結び付かない

4年で年商50億に至った、美容系医薬品ＥＣの成功事例があります。

美容系医薬品をインフォマーシャルを中心として売っていくという、今まで誰も成し遂げなかった販売手法でそこまで至ったもので、これは快挙と言えます。

医薬品成功事例の検証

美容系医薬品の EC で大成功した事例があります。

４年で年商約 50 億に至っています（図表５―６）。医薬品をテレビのインフォマーシャルで売るという新しい手法を成功させた手腕は、お見事だと思います。

ただ、LTV は１万円強のようです。結果、利益率もそれほどにはなっていません。

「医薬品は一時しのぎであり、長く続けるものではない」という、消費者の固定観念を覆すのはとても難しいようです。

図表５―６

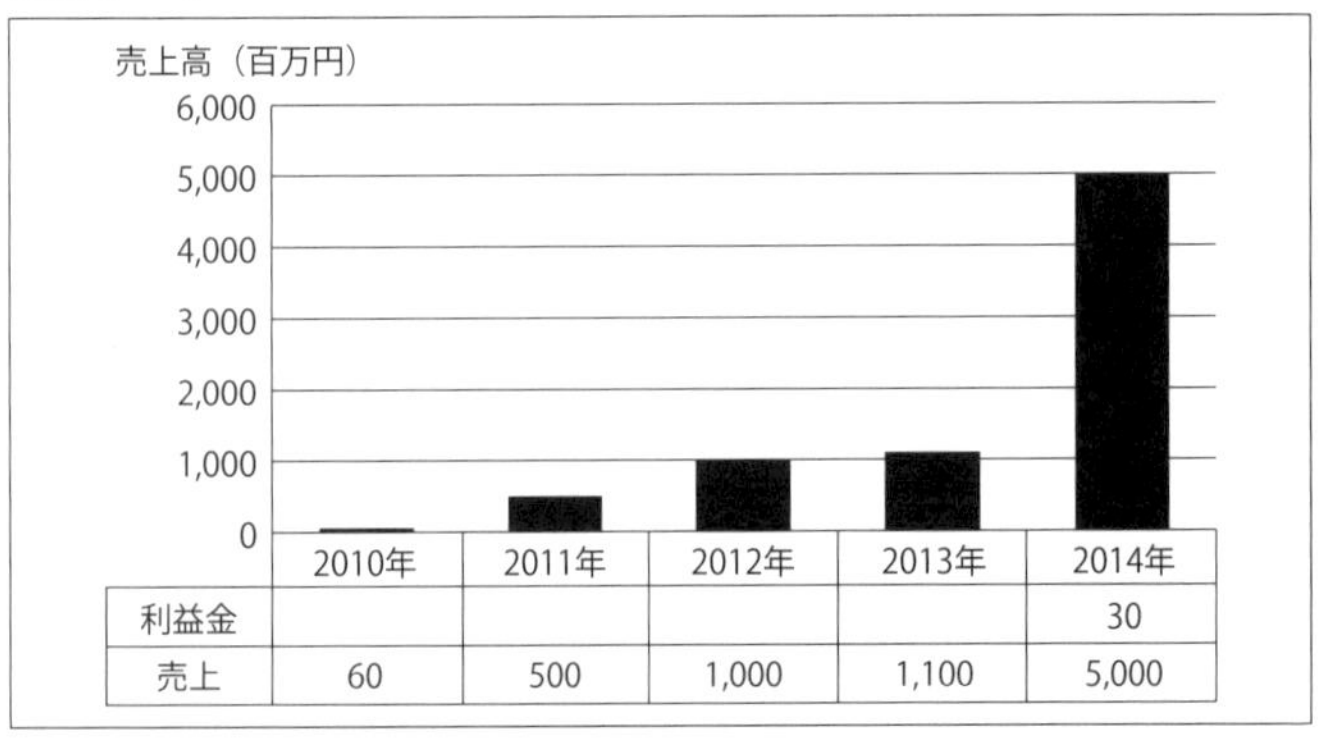

	2010年	2011年	2012年	2013年	2014年
利益金					30
売上	60	500	1,000	1,100	5,000

COLUMN

ただ、このビジネスモデルの難点は、ＬＴＶが伸びないという点です。おそらく2万円以下です。モデルケース〈事例Ｂ〉の化粧品（美容液）がＬＴＶ５万円を叩き出しているのとは大きな違いがあり、利益率にも大きな差が出てきます。

なぜでしょうか？

消費者は、医薬品に対して「あくまでレスキュー用」「継続すると体に良くない」というイメージを持っているので、なかなかリピートしてくれない傾向があるのです。結果として、ＬＴＶが伸びず、利益も伸びません。

ＬＴＶ適性が高い機能性表示健食

このケースからも、ＬＴＶ適性というのがどういうものか、理解できるのではないでしょうか。

リピートに適している商材は、医薬品よりも健食や化粧品なのです。特に健食は、自然派のイメージを打ち出しやすいことや、「中から変えていくのは時間がかかる」というロジックで、リピートを伸ばしていけます。他方、健康美容器具はリピートがあまり期待できないので一工夫必要です。

以上からすると、本件「乳首・黒ずみ」でも、機能性表示健食がＬＴＶ特性に最も優れていると言えます。

それでも頭の固い人は、「健食で乳首の黒ずみが改善するわけないだろう」とネガティブな見方をするかもしれません。そういうケースでもソリューションはあります。

つまり、合わせ技でいくのです。たとえば、健食で中から肌全体の白さを改善し、乳首ピンポイントで健康美容器具を使うというセット販売があり得ます。

頭を柔軟に働かせないと、可能性はなかなか見出せないものです。ぜひ、発想は豊かに持ってください。

医薬部外品成功事例の検証

わきが対策をうたったニッチな医薬部外品のECで成功した事例もあります。

実質１年で月商5000万くらいに至っています。

6000円くらいの商品をCPO（P.60参照）6000円くらいで獲得、つまり、MR（メディアレーション／売上対広告費）１に近い数値で回せたようで、きわめて効率的です。

この事例のメディア展開はWebオンリーです。

ただ、ここに来て参入が相次ぎ、最近は苦戦しているようです。

医薬品は、薬剤師か登録販売者を雇用し、医薬品店舗販売業の許可を取得しなければ、販売プレーヤーになれません。つまり、参入障壁が高いので、気がついたら競合だらけ、という事態はあり得ません。

しかし、医薬部外品というジャンルは、商品さえ入手できれば、だれでも許可なく販売できます。ですから、我が世の春も１年で終わり、という事態が起こりうるのです。

そこで、こういう参入障壁が低い商材なら、初めから短期勝負で事業計画を立てる必要があります。マネをした競合者が出てきてもぶっちぎれるぐらい、１年で伸びられるかどうかがカギです。それが無理なら、１年のうちに、次の商材を発掘する必要があります。

商材選びはなかなか難しいものなのです。

COLUMN

第6章

ＭＲ理論に基づく最強ＬＰの作り方

すべての道はLPに通じる

ＥＣにおいては、あらゆるＷｅｂプロモーションは「ＬＰ」につながります（P.55参照）。

広告で商材に関心を持った顧客がアクセスしてくるＬＰは、人間でいえば心臓のようなもので、この出来が悪ければ、何をやっても結果にはつながりません。

本章では、美健ＥＣの心臓であるこのＬＰを、どのように構築していくかを説明します。

その要をなすノウハウは、ＥＬＭ理論とＭＲ理論（マーケットリサーチ理論）です。

まず、ＥＬＭ理論に従って、商材の効果（表示でうたう機能性）を強く訴求し、さらにメディカルコンテンツも投入、ティーアップも行います。

この要素を固めると、ＬＰの大枠は決まります。

あとはＭＲ理論に従ってリサーチを行い、顧客のハートに刺さるように細部を詰めて仕上げていきます。

ターゲット層の「ペルソナ」を決める

では、ＬＰ作成の具体的な進め方です。

第5章で商材選定の方法を述べましたが、そこでのカギは「訴求ゾーンの絞り込み」だったと言えます。

訴求ゾーンが決まったら、次のステップは訴求ターゲット、つまり想定される対象者像を決めていくことです。この像は「ペルソナ」と呼ばれたりします。

Ｙａｈｏｏ！知恵袋からペルソナを考察する

ここで再びＹａｈｏｏ！知恵袋を読み解いて、「その商材を求めているのはどういう人なのか？」というペルソナを決めます。

仮に、訴求ゾーンが血液中のコレステロール値が高い「高コレステロールの悩み」だとしましょう。その悩みの解決を求めて、ネットをスマホで回遊している人はどういう人でしょうか。

以下は、Ｙａｈｏｏ！知恵袋の投稿からペルソナを考察したレポートです。

①コレステロールによる健康被害は、通常、男性でより深刻であるにもかかわらず、高コレステロールに悩むのは圧倒的に女性が多い。
↓女性のほうが深刻に悩んでいる傾向？　ターゲットはやはり女性だと思われる。
②中でも、特に太り気味ではない、あるいはＢＭＩ値や中性脂肪値は標準以下なのに、なぜか定期健診でコレステロール値が高いと診断され、驚き悩んでいる人が多い。
↓「隠れ肥満」、「知らないうちに進行する循環器系疾患」への恐怖？
③女性は特にエストロゲンの状態により、予期せずコレステロール値が上がることがある。
↓妊婦や、ピル服用者、更年期などにより、ある日突然、問題に直面することがある

④コレステロールを控えるということは、まず食習慣から変えなければならないと考えている。
↓好きな食事やスイーツを食べられなくなるストレスを感じている
⑤脂質異常症（高脂血症）など、明らかな病者であれば処方薬に頼るのが普通だが、特に顕著な健康問題に直面していなければ、基本的に薬で治そうという発想はない。
↓できれば薬に頼らず、無理なくコレステロール値を下げたい

よって、広告のメインターゲットは
ある日、定期健診でコレステロール値が高いと診断され、動脈硬化や心臓病の不安を感じながらも、なるべく食習慣や生活習慣を変えることなく数値を基準レベルに戻したいと考える女性
とする。

これで、ＬＰに登場させるべきペルソナが決まります。

図表６—１　MR を経ていない LP のイメージ

図表６—２　MR でブラッシュアップした LP のイメージ

ペルソナに合わせた訴求ポイントを打ち出す

ペルソナは、顧客のニーズにマッチした訴求ポイントを教えてくれます。そのポイントを押さえれば、最大限ペルソナの期待に合ったコピーを打つことができます。

図表６―１は、このような調査を行わずに考えられたＬＰのＦＶ（ファーストビュー）です。ペルソナが掘り下げられていないために、メッセージがぼんやりしている印象です。ＭＲを行わないと、マーケットのニーズに背いてしまうことがよくわかると思います。

ＭＲを反映させると、同じ商材のＬＰが、図表６―２のようなＦＶに変わります。「隠れ肥満」「コレステロール値の減少」という訴求ポイントを明確に打ち出していることが見てとれると思います。

次は、別の化粧品の事例です。

このケースでは、クレンジングの訴求ポイントを探るためにＹａｈｏｏ！知恵

図表6―3「毛穴」のニーズにマッチした訴求のイメージ

袋を読み進めたところ、「毛穴の黒ずみ」の解消を期待している人がとても多いことがわかりました。

すると、ＬＰのＦＶは図表６―３のように構築すべきことになります。

体験談に「悩みへの答え」を盛り込む

ターゲットの悩みパターンは？

ＬＰに体験談は不可欠です。

３人くらい掲載すれば十分かつ最適ですが、世の中には、この３人の体験談を漠然と掲載しているＬＰが少なくありません。

どんな体験談を載せるかも、ＭＲに基づいて決めるべきなのです。

つまり、「どういう声が多いのか？」「どういう声が共感を呼ぶのか？」を考える必要があります。

３人の利用者の体験談を掲載するなら、あなたの扱う商材のターゲットから、

「悩みの3大パターン」を特定するのです。

まず、実際に悩んでいる方々が、「どんなシチュエーションで、特に悩みを意識するか？」を調査するところから始めます。

たとえば、第5章の商材選定で例に挙げた、乳首の黒ずみ。

この場合の「悩みの3大パターン」は、次のとおりでした。

①恋人やパートナーに見られるとき
②大浴場やプール、スパなどで同性に見られるとき
③自分自身が周囲の同性と比較してしまうとき

「異性」「同性」「自分自身」の3つの視点から悩んでいることがわかります。

そこで、①〜③のシチュエーション、視点別に、その悩みを抱えていた利用者3名の声を、体験者の代表として掲載するのです。

「自分もこんなシチュエーションで悩んでいる…」

「悩みの３大パターン」を特定して掲載すれば、３つのうちのどれかが自分に該当する人が多く、「私と同じだ！」「私もいつも同じ場面で悩んでいる！」と共感を抱いてもらえます。

そして、体験談では「悩みの解決後」に生じた変化に触れてもらうことも効果的です。たとえば乳首の黒ずみなら、

①恋人が喜んでくれて、出会った頃のように燃えた
②人の目を気にしないで、思いきり温泉が楽しめるように
③自分に自信が出て、前より積極的になれている感じ

このように、悩みが解決して感じた変化が、リアルな気持ちとして表現されていると、より多くの共感が得られます。

ターゲットの年代や生活像を考慮

また、ターゲットの年齢層などによって、悩みを解決して手に入れたい結果・未来も変わってきます。

たとえば若いママたちに多い悩みであれば、体験談で、彼女たちの気持ちや生

活の変化に触れると効果的です。

「子供にもほめられてうれしく、育児に気持ちの余裕を持てるようになった」
「ママ友にほめられて、人と会うのが嫌じゃなくなり、毎日が充実」
「夫にほめられ、夫婦の仲も改善され、明るく幸せな気分に」

ＬＰでこのような言葉にふれたターゲットは、「自分もそうなりたい！」と共感を寄せてくれるでしょう。

販売戦略の策定

オファー

商品のプライシング戦略は「オファー」と呼ばれています。オファーという言葉には、仕事を持ちかける「申し出」という意味のほか、商品価格や仕事の条件を提示することを指します。

ＥＣの場合、定期コースへの取り込みを、１ステップで始めから狙うか、２ステップとするかを意味することもあります。

このオファーをどう設計するかにも、いろいろな選択肢があります。

詳しく知りたい場合は、ＹＤＣマーケティング研究所のサイトをご覧ください。ＵＲＬは左記のとおりです。

http://www.yakujihou.co.jp/ydc-mri/index.html

たとえば、ニッチな悩みに応える商材で短期間に売上を伸ばしていく方向性を考えるなら、１ステップが適しています。イメージとしては、通常価格８０００円、定期価格６０００円で、初回５０００円。最初から定期ダイレクトという感じの設計でよいと思います。

第5章のコラム（P.１１３）で取り上げた、ニッチな悩みに応える医薬部外品ＥＣの成功事例でのオファーも1ステップでした。

多変量テスト

以上のようにして、コンテンツがだいたい揃ってきたら、マーケットでテストをします。

もちろんここでも、自分の考えで決めるのではなく、マーケットに答えを求めるべきです。

たとえば、広告をAとBの2種類作り、どちらが効果的か、実際に比較してみる、といったテストを行います。このようなテストのやり方は「ABテスト」などと呼ばれ、昔から存在する手法です。

しかし、ECでは、これよりハイテクなMRの手法が可能です。それが「多変量テスト」と呼ばれるものです。

このテストは、簡単に言うと、さまざまな要素をパーツのコンテンツとして組み合わせ、一度に比較テストするものです。

たとえば3つのパーツに3種類のコンテンツがあれば、3×3で9通りの組み合わせをもとに、各コンテンツの強さを比較します。

優れモノのソフトで多変量テストを用いると、複数のコンテンツの比較結果が瞬時に得られます。詳しく知りたい場合はお問い合わせください。

第7章

Webプロモーションの鵜飼理論

Ｗｅｂプロモーションの基本

鵜飼理論の核心＝プレーヤーの立ち位置

顧客をＬＰに誘導するさまざまなＷｅｂ上の販促手法、それがＷｅｂプロモーションです。その手法には、たとえばＰＰＣ（リスティング広告）、ディスプレイ広告、アフィリエイト広告、ネイティブ広告、インフィード広告、ＦＢ（フェイスブック）広告などがあります。

そして、さまざまな広告代理店が、いろんなメニューを売り込んできます。

しかし、プレーヤーであるあなたは、そのすべてに細かく首を突っ込む必要はありません。目標値を決めて広告代理店を動かし、あとはその動きを管理していけばよいのです。

これをたとえれば、プレーヤーはあたかも「鵜飼い」の鵜師のようなものです。魚を捕ってくる鵜に相当する代理店を、うまく動かしていきましょう。

広告効率の初期目標

広告の効率性を見る指標に、ＣＰＯがあります（P.60参照）。ＣＰＯの一般的な目標値は、商品本品価格の１・５〜２倍です。そして、この値が小さいほど、広告効率はよいことになります。

私のマーケティングでは、ＣＰＯの基準を１・５倍に置いています。そこで、たとえば定期価格６０００円と設定するなら、ＣＰＯの基準値を１・５倍、つまり、９０００円に設定して回していきましょう。

この数字はなかなか高いハードルではありますが、機能性表示健食というキラー商材に加えて、ここまで説明したやり方でＬＰが作成されているのであれば、十分に達成可能です。

どこに広告を打つかですが、最初の1年くらいのＷｅｂプロモーションでは、検索連動型のＰＰＣと、バナーなどを含むディスプレイ広告、そしてアフィリエイトを中心に回していく方法が手堅く、かつ効果的です。

それぞれの広告戦略のポイントを以下に説明しましょう。

リスティング広告戦略（ＰＰＣ）

定期引き上げ率が高いＰＰＣ

ＰＰＣは、別名ＳＥＭ（サーチエンジンマーケティング）とも呼ばれ、顧客が検索したキーワードに連動して表示される広告です。

美健ＥＣでは、ＬＴＶ（P.62参照）に直結する顧客の定期引き上げ率が命ですから、ＰＰＣを非常に重視します。

なぜなら、関心のあるワードを検索してＰＰＣに来てくれた顧客のほうが、一般広告をたまたま目にした顧客よりも「問題意識」が高いからです。広告をクリックし、ＬＰを訪れてくれる人が多く、結果としてお試し購入率であるＣＶＲや、その後の定期引き上げ率が一般広告の

図表7―1　キーワードごとのCPC

	CPC	CVR	CPA
商品名	60円	9.72%	613円
わきがメイン	78円		
わきが臭い	141円		
わきが対策	90円		
平均	115円	2.16%	5,334円

２倍以上になります。

広告費の目安はCPC150円以下

検索で上位に表示されるためには、広告代がかかります。その広告代の「相場」ですが、PPCの集客効率とともに広告代の相場を示す目安がCPCです（P.58参照）。

美健ECでは、基本的にCPC150円以下で回していきましょう。

会社名や商品名の指名検索なら100円以下で拾えますが、スタート直後には、この件数は伸びません。しかし、ニッチな悩みなら、その悩みに関連したワードも150円以下で拾えます。

これは、ニッチな悩みをコンセプトとして設定している最大のメリットです。

図表7―1をご覧ください。

これは、わきが関連のワードの単価です。

このケースでは、指名検索が60円ですが、「わきが対策」などのワードも150円以下で拾えています。

ディスプレイ広告戦略

ディスプレイ広告では「リタゲ」を重視

ディスプレイ広告には、ヤフーのページなどの空きを見て差し込まれるプレースメント広告や、自社のＬＰなどを訪れてから離脱した人をフォローするリターゲティング広告（追いかけ広告）があります。

一般広告であるプレースメントに対する反応は、それほど目覚ましいものにはなりません。ですが、リターゲティングは、一度は向こうからアプローチした人が対象なので、ＰＰＣに次ぐくらいの効果が期待できます。

したがって、ディスプレイ広告戦略では、リターゲティングに力を入れるべきです。

リターゲティング広告には、ヤフーの「サイトリターゲティング」やグーグルの「リマーケティング」などがありますが、以下ではまとめて「リタゲ」と言います。

クリエイティブは自分でドンドン作る

リタゲにおいて重要なのは、①どういうバナー広告を、②どこに出すかです。②のほうは代理店任せでもよいのですが、①は、プレーヤーであるあなたがクリエイティブ（広告素材）案を提供すべきです。

リタゲは、繰り返し見せることによって顧客の関心が高まってきます。ですから、クリエイティブはドンドン作り変えていく必要があります。

ここまで述べてきたＭＲをきっちりやっていれば、ターゲットが「どういう人」で「どういう悩みを抱えているのか」「どういうワードが刺さるか」などの情報を持っているはずです。

その情報をもとに、どんどんクリエイティブを作って代理店に渡してください。

次ページの図表７―２は、実際に「便通改善」を訴求ポイントにした機能性表示健食で使われているバナーをいろいろと作り変えたものです。

図表７—２「便通改善」を訴求する広告のパターン

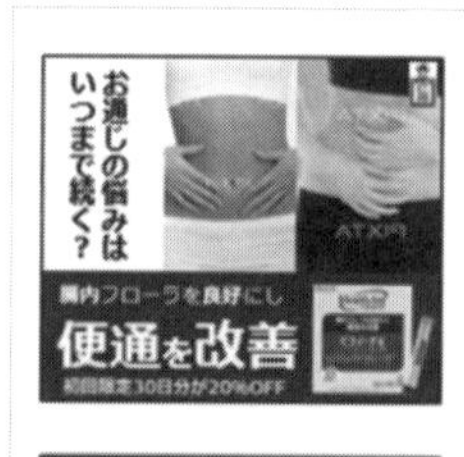

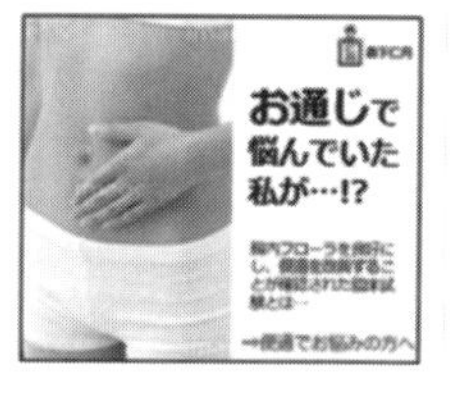

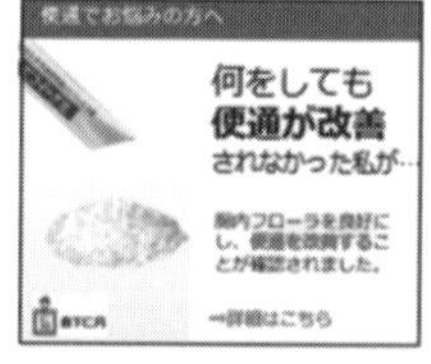

（ビフィーナの広告。Webより引用）

広告代が高いメジャー媒体の使いどころ

代理店をうまく動かすのが鵜飼理論のポイントですが、当然、ツボを押さえた管理は必要。その中で、リタゲをどこに出すかは重要です。

図表７―３は、見込み客がどこで離脱したのかによって、どこにバナー広告を出すか、使い分けしていることを示す表です。

ヤフーなどのメジャーな媒体にバナー広告を出そうと思うと、ＣＰＣは高くなります。しかし、「ここぞ」という見込み客を狙えば、その広告効果はぐんと上がります。

たとえば、カートで離脱した見込み客は最後の最後で買うのをやめた人なので、リタゲに対する反応がよくなる傾向があります。その結果、ＣＰＣが多少高くても、顧客リスト獲得単価に当たるＣＰＡは安く収まっています。

そのように戦略的に配信先を管理していれば、メジャーな媒体に高い広告代を払うメリットもはっきりします。

ちなみに、巻頭のビリオネアのロールモデルで紹介したC社長は、そうした広告運用術の達人で、それが彼の会社の成功をもたらしています。

図表7—3　広告の配信先管理のイメージ

運用状況（6/8-7/1）7/2更新

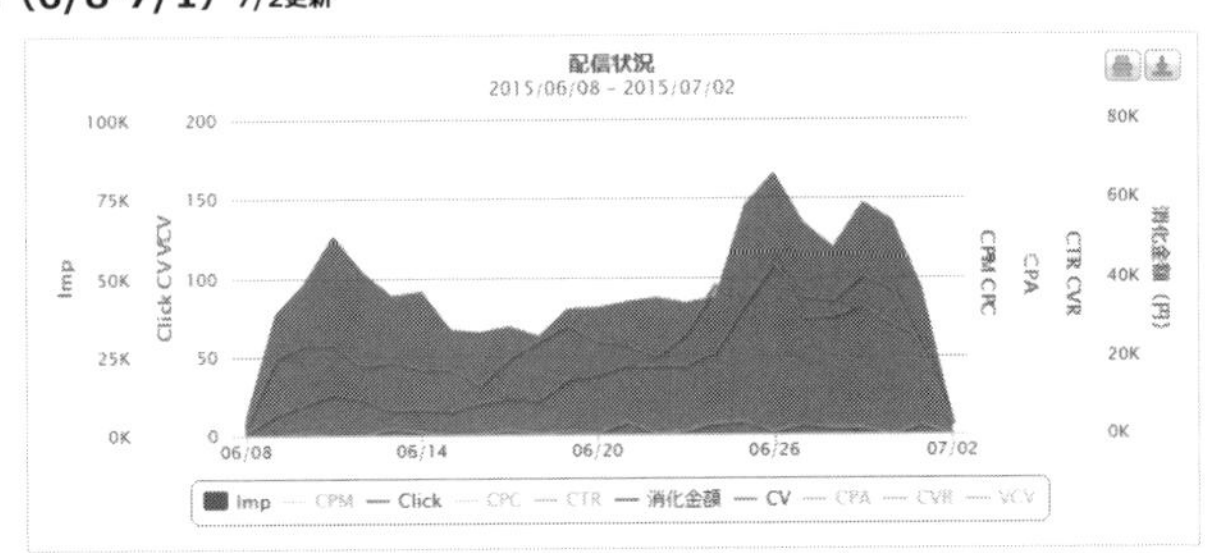

合計情報

※ 1円未満の端数を切り捨て処理しているため、合計金額にずれが生じる場合があります。

Imp	CPM	Click	CPC	CTR	消化金額	CV	CPA	CVR	VCV
1,157,608	¥370.3	1,449	¥295.8	0.125%	¥428,673	64	¥6,698.0	4.417%	254

キャンペーン一覧

ダウンロード

キャンペーン▲	Imp	CPM	Click	CPC	CTR	消化金額	CV	CPA	CVR	VCV
	646,671	¥400.9	669	¥387.6	0.104%	¥259,282	38	¥6,823.2	5.680%	119
	510,937	¥331.5	780	¥217.2	0.153%	¥169,391	26	¥6,515.0	3.333%	135

配信設定一覧（PC）

配信設定	広告タイプ	Imp	CPM	Click	CPC	CTR	消化金額	CV	CPA	CVR	VCV
カート-05*1000	リターゲティング	29,710	¥1,093	57	¥570	0.19%	¥32,488	9	¥3,610	16%	24
ドメイン(dr-recella)前方一致-05	リターゲティング	219,050	¥536	269	¥436	0.12%	¥117,408	9	¥13,045	3%	18
ログイン-05*200	リターゲティング	32,191	¥643	64	¥324	0.20%	¥20,709	7	¥2,958	11%	32
カート-14	リターゲティング	23,158	¥954	23	¥961	0.10%	¥22,095	6	¥3,683	26%	9
ドメイン(dr-recella)前方一致-14	リターゲティング	116,589	¥147	84	¥204	0.07%	¥17,114	3	¥5,705	4%	11
LP-05	リターゲティング	148,946	¥161	108	¥221	0.07%	¥23,921	1	¥23,921	1%	6
カート奥-05	リターゲティング	551	¥1,074	3	¥197	0.54%	¥592	1	¥592	33%	2
ログイン-14	リターゲティング	12,039	¥334	16	¥252	0.13%	¥4,027	1	¥4,027	6%	4
会員登録-14	リターゲティング	4,960	¥509	2	¥1,263	0.04%	¥2,526	1	¥2,526	50%	2
LP-14	リターゲティング	37,621	¥113	22	¥193	0.06%	¥4,256	0		0%	1
カート-45	リターゲティング	7,821	¥1,119	6	¥1,458	0.08%	¥8,749	0		0%	1
カート×商品詳細-05	リターゲティング	1,389	¥956	2	¥664	0.14%	¥1,327	0		0%	0
カート×商品詳細-14	リターゲティング	8	¥392	0		0.00%	¥3	0			0
カート奥-14	リターゲティング	290	¥897	0		0.00%	¥260	0			1
ドメイン(recella3d)前方一致-05	リターゲティング	4,655	¥192	4	¥224	0.09%	¥894	0		0%	3
中面	リターゲティング	676	¥345	1	¥233	0.15%	¥233	0		0%	1
会員登録-05	リターゲティング	1,911	¥831	6	¥265	0.31%	¥1,587	0		0%	4
滴_商品詳細-05	リターゲティング	4,641	¥222	1	¥1,028	0.02%	¥1,028	0		0%	0
滴_商品詳細-14	リターゲティング	465	¥138	1	¥64	0.22%	¥64	0		0%	0

配信設定一覧（PC）

配信設定	広告タイプ	Imp	CPM	Click	CPC	CTR	消化金額	CV	CPA	CVR	VCV
カート-05*1000	リターゲティング	29,710	¥1,093	57	¥570	0.19%	¥32,488	9	¥3,610	16%	24
ドメイン(dr-recella)前方一致-05	リターゲティング	219,050	¥536	269	¥436	0.12%	¥117,408	9	¥13,045	3%	18
ログイン-05*200	リターゲティング	32,191	¥643	64	¥324	0.20%	¥20,709	7	¥2,958	11%	32
カート-14	リターゲティング	23,158	¥954	23	¥961	0.10%	¥22,095	6	¥3,683	26%	9
ドメイン(dr-recella)前方一致-14	リターゲティング	116,589	¥147	84	¥204	0.07%	¥17,114	3	¥5,705	4%	11
LP-05	リターゲティング	148,946	¥161	108	¥221	0.07%	¥23,921	1	¥23,921	1%	6
カート奥-05	リターゲティング	551	¥1,074	3	¥197	0.54%	¥592	1	¥592	33%	2
ログイン-14	リターゲティング	12,039	¥334	16	¥252	0.13%	¥4,027	1	¥4,027	6%	4
会員登録-14	リターゲティング	4,960	¥509	2	¥1,263	0.04%	¥2,526	1	¥2,526	50%	2
LP-14	リターゲティング	37,621	¥113	22	¥193	0.06%	¥4,256	0		0%	1
カート-45	リターゲティング	7,821	¥1,119	6	¥1,458	0.08%	¥8,749	0		0%	1
カート×商品詳細-05	リターゲティング	1,389	¥956	2	¥664	0.14%	¥1,327	0		0%	0
カート×商品詳細-14	リターゲティング	8	¥392	0		0.00%	¥3	0			0
カート奥-14	リターゲティング	290	¥897	0		0.00%	¥260	0			1
ドメイン(recella3d)前方一致-05	リターゲティング	4,655	¥192	4	¥224	0.09%	¥894	0		0%	3
中面	リターゲティング	676	¥345	1	¥233	0.15%	¥233	0		0%	1
会員登録-05	リターゲティング	1,911	¥831	6	¥265	0.31%	¥1,587	0		0%	4
滴_商品詳細-05	リターゲティング	4,641	¥222	1	¥1,028	0.02%	¥1,028	0		0%	0
滴_商品詳細-14	リターゲティング	465	¥138	1	¥64	0.22%	¥64	0		0%	0

配信設定一覧（SP）

配信設定	広告タイプ	Imp	CPM	Click	CPC	CTR	消化金額	CV	CPA	CVR	VCV
カート-05	リターゲティング	44,893	914.598901	97	¥423	0.22%	¥41,059	8	¥5,132	8.2%	31
ドメイン(dr-recella)前方一致-05	リターゲティング	87,322	225.305388	182	¥108	0.21%	¥19,674	7	¥2,811	3.8%	28
ログイン-05	リターゲティング	14,113	701.045203	29	¥341	0.21%	¥9,894	5	¥1,979	17.2%	15
LP-05	リターゲティング	154,064	165.324094	186	¥137	0.12%	¥25,470	2	¥12,735	1.1%	2
ドメイン(recella3d)前方一致-05	リターゲティング	11,740	312.313947	22	¥167	0.19%	¥3,667	2	¥1,833	9.1%	12
ドメイン(dr-recella)前方一致-14	リターゲティング	80,808	123.468941	96	¥104	0.12%	¥9,977	1	¥9,977	1.0%	8
会員登録-14	リターゲティング	3,242	655.538878	6	¥354	0.19%	¥2,125	1	¥2,125	16.7%	0
LP-14	リターゲティング	47,135	69.815161	41	¥80	0.09%	¥3,291	0		0.0%	0
カート-14	リターゲティング	51,946	850.256932	84	¥526	0.16%	¥44,167	0		0.0%	3
カート×商品詳細-05	リターゲティング	2,211	1251.406765	7	¥395	0.32%	¥2,767	0		0.0%	4
カート×商品詳細-14	リターゲティング	666	849.405689	5	¥113	0.75%	¥566	0		0.0%	0
カート奥-05	リターゲティング	919	642.197168	2	¥295	0.22%	¥590	0		0.0%	7
カート奥-14	リターゲティング	581	581.242009	3	¥113	0.52%	¥338	0		0.0%	4
ログイン-14	リターゲティング	9,390	510.328443	15	¥319	0.16%	¥4,792	0		0.0%	18
会員登録-05	リターゲティング	1,329	697.912634	4	¥232	0.30%	¥928	0		0.0%	3
滴_商品詳細-05	リターゲティング	500	158.503106	1	¥79	0.20%	¥79	0		0.0%	0
滴_商品詳細-14	リターゲティング	78	92.490513	0		0.00%	¥7	0			0
中面	リターゲティング										

アフィリエイト広告戦略

運営するＷｅｂサイトやメルマガなどにアフィリエイト広告を掲載、報酬を得ているアフィリエーターは、Ｗｅｂマーケティングのプロ中のプロです。

なかでも「スーパーアフィリエーター」と呼ばれる人たちは、自然検索でも上位表示され、多くの顧客をＬＰに送り込んで、月に何百件という初期購入（コンバージョン）のもとを作ってくれます。

彼らと組むことができれば、アフィリエイト広告が安定的に運用でき、売上の大きな柱となります。

スーパーアフィリエーターと提携するカギ

では、どうしたら、そういうスーパーアフィリエーターと組むことができるのでしょうか？

アフィリエーター側の判断基準は、この３つです。

「報酬×承認率×ＣＶＲ（コンバージョン率）」

このうち「報酬」は、商品単価の２００％をめどとしましょう。報酬が２００％ということは、６０００円の商品の購入１件につき、アフィリエーターに対して１万２０００円の報酬を支払うということです。

次の「承認率」は、アフィリエーター経由としてレポートされた件数を「どれだけ認めるか」ということ。逆にいえば「どのくらい承認しないか」ということでもあります。

報酬２００％、商品単価６０００円とすると、仮にアフィリエーターが自分でその商品を買っても６０００円得するしくみです。実際にそういうケースが生じたら、目的に反するので、当然、拒絶する必要があります。

一方、あまりに承認率が低いとアフィリエーターに敬遠されてしまうので、有力なアフィリエーターと組むためには９割くらいは承認したいところです。

そして、重要なのがＣＶＲです。顧客を広告主のＬＰまで送り込むのがアフィリエーターの仕事ですが、せっかくＬＰまで送り込んだのにＬＰの出来が悪いためにＣＶＲが低いのでは、やっていられません。

この点、機能性表示健食は、ＣＶＲがとてもよい現状があります。この点は、機能性表示健食というキラー商材を導入する大きなメリットです。

さらに、これまで私がレクチャーした方法でＬＰが作られていれば、さらにＣＶＲはアップします。機能性表示健食にノウハウカルテットをプラスすれば、スーパーアフィリエーターと組むのに絶好の条件が揃うと言えます。


スーパーアフィリエーターのサイトは、自然検索で上位に表示されます。ＰＰＣで誘導するリスティングはスーパーアフィリエーターではありません。

たとえば「育毛サプリ」というキーワードで検索してみてください。上位表示されるサイトの中に、スーパーアフィリエーターのサイトがあります。こうしたスーパーアフィリエーターと組むことができれば、月に１０００件近くの新規獲得が可能です。

そのためには、彼らをして「こことなら組んでもいいか」と思わせるような強力なＬＰを制作する必要があるのです。

第8章

利益を20倍アップさせるサイコCRM理論

利益率が20倍になるＣＲＭのフェーズ

キャッシュポイントはリピートやクロスセル

美健ＥＣでは、フェーズ1で獲得した顧客に定着してもらい、ＬＴＶを高めるフェーズ2がキャッシュポイントになることは、すでにおわかりと思います。

その要となるのがＣＲＭですが、私のノウハウでは、この言葉を基本的にリピートやクロスセルという意味で用いています。

ここで一つ数値を確認しておきましょう。

ＥＣにおけるプロモーションの効率性を図る尺度として、ＭＲ（メディアレーション）があります。同じ略語になってしまいますが、これは、第5～6章で述べたＭＲ＝マーケットリサーチとは意味が異なります

新規獲得のフェーズ（フェーズ1）では、メディアレーションはよくても０・６程度です。つまり、１００万円の販促費をかけて上がる売上は60万円です。売上

が小規模な段階ではＭＲが１になることもありえますが、規模の拡大につれてＭＲは低下していきます。

しかし、ＣＲＭのフェーズ（フェーズ２）では、ＭＲ10は楽にいけます。つまり、１００万円の販促費をかければ１０００万円の売上が得られるということになります。対販促費の利益効率はフェーズ１の約20倍です。

ＣＲＭで稼げる理由と稼げない理由

ＣＲＭのフェーズでＭＲが飛躍的に高まるのはなぜでしょうか？

それは媒体費がかからないからです。

代理店を動かして媒体を使うと、彼らは多額の媒体費を要求してきます。媒体構築にコストを投下しているからです。しかし、ＣＲＭは自前のリストで展開できるので、そのコストが要らなくなるのです。

そのような儲けどころにもかかわらず、ほとんどの企業は、ＣＲＭで思うような売上を得ることができていません。

なぜでしょうか？

それは、広告代理店がＣＲＭをあまり得意としていないからです。媒体は、10％、15％と媒体費比例で手数料を取れるので、一発当たると代理店にとって大きな利益になります。しかし、ＣＲＭではそれがないので、代理店はＣＲＭに力を注がないのです。

成功するＣＲＭを理論化・体系化

しかし、年商４７０億を達成した時代のやずや、年商３００億の再春館製薬所、年商１５０億の新日本製薬といった企業は、ＣＲＭの名手といえます。なんと売上の８～９割がＣＲＭ。その結果、大きな利益を叩き出し、それが大きな成功の原動力になっています。

売上規模でもっと身近な例をあげると、私には、年商15億クラスを維持して、毎年3億近い利益を出し続けているクライアントもあります。オーナー社長は、このビジネスモデルを構築して、ビリオネアに仲間入りしています。

それは、巻頭のビリオネアのロールモデルで紹介したＢ社長です。

彼の会社も売上の８～９割をＣＲＭが占め、まさにそれが、毎年３億の利益を出し続けることを可能にしています。

ＣＲＭは、現状では成功企業の秘伝のノウハウのような形になっています。しかし、私はそれを誰でも実践できるように理論化、体系化しました。

その「サイコＣＲＭ理論」を、機能性表示健食というキラー商材とドッキングさせることで、多くのプレーヤーが大ブレークし、ビリオネアに近づけると確信しています。

そのＣＲＭのノウハウを、以下に解き明かしていきましょう。

ノウハウ１「ポジショニング」

ＣＲＭで成功するノウハウの１番目は、「あなたが顧客に対してどういうポジションを取るか」です。

あなたが、薄毛の悩みに応える商材を販売しているとします。
そして、Aさんがその商材を購入したとしましょう。

顧客の心を閉ざす売り込みのポジション

あなたがAさんに、①「今キャンペーン期間中なので、また買いませんか?」とか、②「続ければ続けるほど効果が出ます」といったアプローチをしても、Aさんのマインドは開きません。

Aさんは、「売り込まれている」と感じたとたん、警戒心を抱いてコミュニケーションを拒否します。

それゆえ、①は最低のアプローチだと言えます。

②はそれに比べればましですが、これだけでは、売らんかなの姿勢が相手に感じ取られる気もします。

マインドを開く「悩み解決のポジション」

Aさんのマインドを開くために肝心なことは、「この人は、自分の悩みを解決してくれるかもしれない」と思われることとです。

そのためには、Ａさんと対峙する売り込みのポジションではなく、相手の側に立った「悩み解決のポジション」を取るとよいのです。

Ａさんはもともと薄毛で悩んでいた人なのですから、あなたがその悩みを解決してくれそうな人だと思えば、マインドを開いてくれます。そうすれば、円滑にコミュニケーションを取ることが可能になります。

ノウハウ２「コミュニケーション」

適法なポジショニングでなければならない

悩み解決のポジショニングが有益なことは、容易に納得いただけると思います。

そこで次の問題は、「どうしたらそうなれるか」です。

どのようなコミュニケーションを取れば、「悩みを解決してくれそうだ」と思ってもらえるのか？

注意しなければならないのは、悩みの解決とはいっても、一般の事業者が医師のようなアプローチをしたのでは、医師法違反になってしまうことです。

それに消費者のほうも、医師でない人間が医師のようなコメントをしても信用してくれません。

適法で、かつ消費者の信頼も得られるアプローチは何か？　そこがポイントです。

情報提供のコミュニケーション

そのアプローチを可能にするコミュニケーションは、ズバリ「ほかの人はどうなのか」という情報提供です。

たとえば育毛剤なら、どのような他者情報が考えられるでしょうか。

・どんな年齢の人が使っているのか？
・どんな薄毛タイプの人がどういうふうに使っているのか？
・いつごろからどういう変化を感じるのか？

・たとえば、抜け毛はどういうふうに減っていくのか？
・洗髪はどういうふうにしているのか？　シャンプーやリンスは？　ドライヤーはどうしているのか？
・髪の毛の黒さや太さやこしはどういうふうに変化していくのか？　人によってどう違うのか？
・うぶ毛はいつごろから生え始めるのか？　人によってどう違うのか？
・食事はどうなのか？　どういうものを積極的に食べればよいのか？
・つけすぎて頭皮が荒れたりしないのか？
・プロペシアやミノキシジルはアメリカでは副作用が懸念されているようだが、この商品は大丈夫なのか？　精力が衰えたりしている人はいないのか？……などなど

育毛剤を買って薄毛の悩みを解決しようとしている人は、このような他者事例を知りたくてたまりません。

もし、あなたがこういう情報を提供できるのなら、顧客は積極的にあなたとコ

ミュニケーションを取ろうとするでしょう。

ノウハウ3「情報収集システム」

すると、次の問題は、「どのようにして愛用者の情報を集めていくか」になります。

最近、その観点から有用な、成功を収めている手法があります。それは「カレンダー方式」と呼ばれる方法です。

情報収集とともに継続率アップにも貢献する「カレンダー」

カレンダー方式は、化粧品の世界から誕生してきました。この方式による顧客へのアプローチを解説しましょう。

まず、顧客が購入してくれた化粧品とともに、書き込み式のカレンダーを同梱して発送します。

顧客には、その化粧品を使った日に、カレンダーにシールを貼り、気づいた変化を書き込んでもらいます。

そして、30日が終了した時点でそのカレンダーを送り返してくれた人に、プレゼントを差し上げるようにするのです。

この手法は、二つの点で大きな成功を収めています。

一つは、言うまでもなく、多くのユーザーからその化粧品による変化の情報が得られることです。すると、先ほど育毛剤の例で挙げたような、多くの顧客が知りたがっている他者情報がドンドン蓄積されていきます。

これであなたは情報通になれます。そして、「売り込みをかけてくるウザいセールスマン」から「いろんな情報を持っている悩みの解決者」に変身することができるわけです。

もう一つ注目すべきことは、このカレンダーを送り返してくれた顧客の９割が、翌月もその化粧品をリピートしているという事実です。

つまり、カレンダー方式は継続率のアップに直結しているのです。

この事実は、私たちにとても重要な視角を提供してくれます。

顧客のゼロサムマインドを「刻みのマインド」に変える

私はコンサルタントとして、医療機関のプロモーションも手掛けています。

そこで知ったデータに、美容外科の世界では、「顧客（患者）の8割が結果に満足していない」という数字があります。

思うに、この数字は美容外科クリニックの施術に問題があるわけではありません。そうではなく、顧客の期待が高すぎるのです。

美容外科を訪れる多くの顧客は、たとえば藤原紀香さんの写真を持ってきて、「こんな目にしてほしい」などとリクエストします。

第三者が冷静に考えれば、そんな無茶がかなうはずはないとわかるはずです。しかし、当事者である顧客の期待はとても高く、その期待に沿った結果が得られなければ、「ダメだ、ここ」と切り捨ててしまうのです。

同様の現象は、美健ＥＣにも見られます。

薄毛で悩んでいる人は、悩みが深ければ深いほど、「ふさふさヘアーの自分」を夢見て育毛剤を購入します。しかし、しばらく使って期待通りの結果が出ないと、「ダメだ、これ」と使用をやめてしまいます。

つまり、顧客のマインドは「ゼロサム」なのです。

ふさふさヘアーになれるか否か。藤原紀香さんになれるかなれないか。こういう尺度で、どこまで使用を継続するかを決めているのです。

しかし、カレンダー方式の顧客のマインドはそうではありません。

変化の気づきをカレンダーに記入していくので、抜け毛が少し減ってきていないか、髪の色が変わってきていないか、毛の太さが変わってきていないか、など、小さな変化に自ら注目します。

その変化に気づくと、目標に向かって進んでいるという実感を持つことができます。

そのマインドはゼロサムではなく、「刻みのマインド」と言えます。

顧客を刻みのマインドにできれば、９割の継続率が期待できるのです。

初期の刻みマインド形成でＬＴＶが10万円に！

このような刻みマインドの形成は、初回の商品購入後、２〜３か月以内に完成させることがポイントです。

顧客の多くが、初めはゼロサムマインドですから、そのマインドを転換できない限り、２〜３か月で「ダメだ、これ」と自ら結論を出し、離脱していってしまいます。

しかし、初期購入時のモチベーション（「ふさふさヘアーになりたい」など）は、誰でも高いものです。そこで、ゼロサムマインドを刻みマインドに変えることさえできれば、このモチベーションは長く継続され、ロイヤルカスタマーに育っていくことが期待できます。

そうなると、ＬＴＶ10万円という、超高収益のビジネスモデルでも完成できます。

このように、最初の数か月で「この会社は自分の悩みをよくわかってくれている」と思われることが、ＣＲＭの勝負を決めるのです。

図表８—１　CRM用のカレンダー（イメージ）

「2WAY方式」で気づきを最大化する

他者情報を活用して対話の窓を広げる

最初の数か月で勝負が決まることから、カレンダー方式は、より顧客とのコミュニケーションが密になる「2WAY方式」に進化させるべきです。

紙のカレンダーを送りつけるだけでは、商品によって得られた変化も顧客に自分で気づいてもらうしかありません。

しかし、ここに2WAYコミュニケーションの要素を取り入れれば、こちらから、気づきを誘導することも可能です。

たとえば、「お客様と同じタイプのかたは、この辺でこういう変化を感じておられますが、お客様はいかがですか?」というように、他者情報に基づき、気づきを促すアプローチができます。

人によって、「いや、そんなことはない」と、ネガティブな返事が返ってくるかもしれません。

　そのような場合でも、多くの他者情報があれば、「では、こういう変化はどうですか？」と10項目くらい並べて聞いてみることができます。そして、「そういうかたは、こういう商品も使っているようです」とクロスセルに広げることも可能です。

　こういうプロセスで誘導することによって、カレンダーを完結させる人の数が大きく増やせます。そして、ほとんどの人が「ゼロサムマインドから刻みマインドに」変化していくのです。

Ｗｅｂカレンダー、そしてアプリの可能性

　紙から始まったカレンダー方式ですが、Ｗｅｂ版のカレンダーに進化させると２ＷＡＹコミュニケーションが実現でき、さらに強力な効果を発揮します。

　とくに高いＬＴＶを狙える中高年の女性を引き付けたい商材なら、スマホ用のアプリを投入すると最強だと思います。

　物販の例ではありませんが、レコーディングダイエットのスマホアプリ「あす

けん」は秀逸で、簡単にＥＣ用に転換させることができます。

機能性表示を活かして健食でもＬＴＶ10万円へ！

これまで、このカレンダー方式は化粧品の世界で先行しており、健食分野ではダイエット補助食で一部導入されている程度です。

なぜ、この違いが生じているのでしょうか？

ここが「規制による差」なのです。

医薬部外品である育毛剤のＣＲＭでカレンダー方式を採用し、２ＷＡＹコミュニケーションを実現した場合、「育毛」は薬事法上、適法に言えるので問題ありません。

しかし、これが健食となると、話が違ってきます。一般健食なら、「便通改善のカレンダー」を作った瞬間に即、薬事法違反です。そもそも健食では、便通改善のような効能をうたうことができないからです。

ところが、同じ食品でも効能の表示が可能な機能性表示健食なら、そこがＯＫになります。堂々と「便通改善」で顧客とコミュニケーションが取れるのです。

かくして機能性表示健食は、２ＷＡＹのＷｅｂ版カレンダー方式と合体されることで、サイコＣＲＭ理論を余すところなく実現でき、ＬＴＶをグングン伸ばせる最強の商材となるのです。

これなら顧客に刻みマインドを形成してもらいやすく、ＬＴＶ10万円も視野に入ってきます。

第9章

スタートアップ戦略

本章では、ここまでのまとめも兼ねて、Ｗｅｂプロモーションをスタートするまでに皆さんが行うべきこと＝ＴＯ ＤＯをまとめてみます。すなわち「スタートアップ戦略」です。

ＴＯ ＤＯ １　商材決定

(1)まず、商材を決めます。検索ボリュームとクリック単価のギャップ、Ｙａｈｏｏ！知恵袋などをリサーチして訴求ポイントを決めます。

(2)訴求ポイントが決まったら、そこにリーチできる機能性表示健食を考えます。これは知識がないとできないため、私のようなプロが考え、その設計に従って商材が決まります。

(3)ＯＥＭメーカーを探します。私の場合、商材に合わせてメーカーを紹介しています。

TODO 2　エビデンス構築

(1)商材が決まったら、機能性表示に向けてRCTを開始します。その後は依頼した臨床試験機関が進めるので、あなたはほかの準備に注力できます。機能性表示の受託から届出までに要する期間は約7か月、機能性表示がGOできるのは、その3～4か月後です。

(2)訴求ポイントがSRで構築できる場合は、その調査を始めます。こちらの届出までは2か月程度かかり、販売が開始できるのは、その3～4か月後です。それ以外に、先行論文がない機能性（効能）をさらに訴求したい場合は、SRでプロモーションをスタートさせつつ、RCTも行えばよいでしょう。

(3)臨床試験機関を探します。私の場合、ニーズに合わせた臨床試験機関を紹介しています。

ＴＯＤＯ３　ＬＰ制作

⑴商材決定後、エビデンス構築と並行してＬＰの制作に取り掛かります。

私のＥＬＭ理論に立脚して、メディカルコンテンツやティーアップコンテンツで大枠を決めます。細かいパーツをどうするかは、Ｙａｈｏｏ！知恵袋などで消費者の声をリサーチして決めていきます。

⑵制作業者を探しますが、こちらで適した業者を紹介しています。

⑶ＬＰのパーツは何種類も考え、多変量テストが可能なソフトなどを使ってテストします。プライシングやオファーもテストします。テストにテストを重ねてＬＰが決まります。

ＴＯＤＯ４　プロモーション戦略

⑴ＬＰ制作と並行しながら、プロモーション戦略を練っていきます。

⑵基本的な枠組みは以下のようになります。

①ＰＰＣのワードや広告文の大枠を決めます。ニッチ悩み系ならＰＰＣ価格はそれほど高くないので、けっこうワードは拾えるはずです。実作業は代理店に依頼します。私の場合、代理店の紹介まで行っています。

②パワーのあるアフィリエイトを押さえていきます。報酬単価など大枠を決めて、あとは代理店に進めてもらいます。

ＴＯＤＯ５　フルフィルメント

⑴顧客対応や梱包・発送などの実作業を行うコールセンターやロジスティックスもあらかじめ決めておきます。Ｗｅｂ中心でいくにしても、コールセンターは必要です。

⑵ＥＣにおいては、ロジスティックスは単なる物流ではありません。サンプルや商品の発送は、顧客との重要な「コミュニケーションの場」となります。商品を送る箱の中に冊子やチラシを入れられますし、箱にメッセージを書くことも

できます。
こういうことに手慣れた業者を選ぶ必要があります。
(3)コールセンターやロジスティックスが見つからない場合は、こちらで紹介しています。

TODO6 CRM戦略

(1)冊子・チラシ・会報などのCRMツール(顧客掘り下げツール)も準備しておく必要があります。前々著から強調しているように、CRMがキャッシュポイントなので、CRMが弱いと利益が蓄積されていきません。CRMツールは中身として何をどう書くかも重要ですが、どういうサイズにするか、右開きにするか左開きにするか、何をチラシに書き何を冊子に書くかといった形式面だけでも売上が違ってきます。
ここでも手慣れた業者が必要です。私の場合、業者の紹介まで行っています。
(2)さらに重要なのが、前章で説明した「カレンダー方式」のような、CRMの仕掛けです。

ＴＯＤＯ７　コスト

以上が美健ＥＣのスタートアップに必要な皆さんの「ＴＯ ＤＯ」です。

その前提となるコストは、機能性表示の取得費用を含めて、２０００万くらい見ておく必要があります（販管費は別）。

そのコストをまかなう予算の準備は、すべてに先立つＴＯ ＤＯとも言えますが、プロモーションをスタートしてからの収支見込みによっても多少変わってきます。商品代はランニングに織り込んで考えてかまいません。

具体的なイメージはエピローグをご覧ください。

終章

ビリオネアへの
TAKE OFF

以上、本書では、機能性表示健食というキラー商材を、「ＥＬＭ理論＋ＭＲ理論＋鵜飼理論＋サイコＣＲＭ理論」という４つのノウハウカルテットにビルトインすることによって、「初年度年商６億、２年度年商20億」という数値が達成でき、それによって「４年でビリオネア」という成功への道が開ける、ということを説明してきました。

最後に、このナビゲーションを、私が実際どういうふうに行っているのかも説明しておきましょう。

1　商材決定

クライアントによって、既に商材が決まっているケースとそうでないケースがあります。

商材が決まっていないケースでは、ＭＲ理論に基づき、ニッチな悩みの中で、検索ボリュームが多い割にＣＰＣ（クリック単価）が安いゾーンを探していきます。

たとえば、「低血圧」などが該当します。

低血圧の月間検索ボリュームは40万５０００件もあります。にもかかわらず、ＣＰＣは７円と狙い目です。

もっともこのゾーンは、某クライアントに対して私がすでにコンサルティングを開始しているため、皆さんはここには参入できません。もし皆さんが私にコンサルティングを依頼された場合には、受託後に、それ以外の狙い目のゾーンを伝えさせていただきます。

そのように収益が望める訴求ゾーンを見つけることで、効果的な商材決定も可能となります。訴求ゾーンが決まったら、そこに到達できる商品で、消費者の受けがよい企画を考え、その商品設計を提示します。

その提案に納得いただければ、商材を製造するＯＥＭメーカーも紹介して、商品供給を行います。

商品単価はだいたい７００円から１０００円くらいなので、ロット（商材の最小販売数）が１０００だと、70万から１００万くらいの商品代を必要とします。

2　エビデンス構築

商品が決まったら、今度はエビデンス作りを設計します。

機能性表示のエビデンスを構築するには、ＳＲ（文献調査）とＲＣＴ（臨床試験）という二つのチョイスがあります。

第１～２章で説明したように、ＲＣＴのほうが尖った訴求ができるので、原則としてＲＣＴがお勧めです。ただ、ＲＣＴだと単回試験で済むケースでない限り、臨床試験に時間がかかる（原則12週）という難点があります。

そこで、２段階でプロモーションを考え、第１段階はＳＲでスタートし、その間にＲＣＴを整えて第２段階として「ＳＲ＋ＲＣＴ」に切り替える、というやり方もあり得ます。

たとえば、ヒアルロン酸とピクノジェノールを主成分とした商品を作るとしましょう。

ヒアルロン酸は、すでに保湿の訴求で機能性表示健食がリリースされています（キユーピー「ヒアロモイスチャー240」など）。そこで、「ヒアルロン酸・保湿」でSRを作ることは簡単です。

私どもが行えば、受注からマーケットインまで、だいたい5か月くらいでできるでしょう（費用は届出まで含めて400万程度です）。

その間に、ほかの機能性、たとえばニキビについてRCTを行います。この場合、訴求ポイントは「額・あご・デコルテ」など、よりブレークダウンさせます。

この試験を12週行うとすると、受注からマーケットインまでだいたい9か月くらいかかるでしょう（届出資料はSRによる前回分をかなり流用できるので、届出まで含めて1000万円程度です）。

ここで、商品を「保湿訴求（SR）＋ニキビ訴求（RCT）」に切り替えます。

このようなSRとRCTの合わせ技は、「アサヒスタイルバランス」（アサヒビール）で前例があり、表示は、「○○○（商品名）はニキビを抑える効果があります。○○○に含まれるヒアルロン酸には肌の保湿力を向上させる効果があると報告されています」といった感じになります。

以上のような2段階方式を使うと、早く機能性表示健食を導入でき、かつ、最終的には尖った訴求にランクアップすることが可能です。

3 LP作成とWebプロモーション

以上のような形で商品が整ったら、マーケットリサーチを行ったうえで、LP（商品ページ）を作成し、Webプロモーション戦略を考えます。

新たに商品を作る場合は、この作業は1～2の作業と同時並行で行います。既にある商品を使う場合は、この作業からコンサルティングが始まります。この作業には、だいたい2か月くらいを要します。

PPC、アフィリエイト、リタゲ展開

LPは何パターンか作るので、150～200万くらい制作費がかかります。これは私どもと提携している制作会社に作らせることができます。

プロモーション戦略は、提携している広告代理店と組んで構築していきますが、ここに費用はかかりません。

当初は、第7章で述べたようにPPC（リスティング広告）とディスプレイ広告、アフィリエイト広告を展開していきます。

PPCのワード選定は、あなたと私と代理店と、三者で戦略を詰めたうえで、代理店に行ってもらいます。ワードの選定には、Yahoo!知恵袋の調査が役に立ちます。たとえば、ダイエットを思い立つきっかけとして結婚式が多いことがわかれば、結婚式関係のワードにもPPCを出す、といった展開をします。

アフィリエイトについては、スーパーアフィリエーターと組めば立ち上がりから1か月数百件取れていきますので、ここも三者で戦略を決めたうえで代理店に動いてもらいます。

ここでさらに重要なのが、リタゲの準備です。ディスプレイ広告のうち、有望な見込み客を引き戻す「追いかけ広告」がリタゲです。

PPCやアフィリエイトからLPに来てくれた顧客も、95％近くは離脱します。

そこで、どこから来た顧客が、どこで離脱しているかを大きくパターン分けして、そのパターンごとにバナー広告を作ります。

そのクリエイティブは、やはり三者協議で煮詰め、制作は代理店にやってもらいます（制作費用は数十万程度です）。

ＣＲＭの準備とシステム構築

他方、ＣＲＭ（リピート、クロスセル促進）の準備も進めていきます。

何度も強調しているように、ここはＥＣのキャッシュポイントなので、しっかり利益が取れるようにしておく必要があります。

ＣＲＭの強力なツールとなるのが、第８章で解説したカレンダー方式ですが、初めからＷｅｂ版やアプリを展開するのが負担になる場合は、スタート時は紙でよいと思います。

これにＤＭなど商品同梱ツールも含めて、提携制作会社と三者協議のうえ、制作を依頼します（費用は１００万くらいです）。

前々著で紹介したステップメールは、初めは私がディレクションしますので、自分で作ってみてください。

また、顧客の注文に対応するシステム関係も重要です。

せっかくＬＰに誘導し、十分買う気になっている顧客が、注文カートの使い勝手が悪いために離脱してしまうなどというのは、とてももったいない話です。

そのようなレベルは卒業していただきたいので、私は、購入があればアップセルを勧めるようなカートをご紹介しています。

そして、さらに重要なのがＣＲＭと連動したシステムです。

ＣＲＭがいかに重要かはすでにおわかりのことと思います。しかし、本を読めばそれを実現できるかというと、「ＮＯ」です。

まず、一口に顧客と言ってもさまざまです。

定期購入を続けている顧客、定期を休み休み続けている顧客、定期を始めたのに離脱した顧客、定期の問い合わせをしたのに購入に至らなかった顧客などなど……。

これにクロスセルを想定すると、顧客の購入パターンと購入商品を掛け合わせただけの組み合わせ、顧客分類となります。

こうした分類に従って、ステージごとに異なるＣＲＭツールを送らなければなりません。さらに、コミュニケーションの手段も、商品同梱ツール、メルマガ、ＤＭ、電話……と、複線で考える必要があります。

そうした戦略なく、せっかく定期を続けてくれている顧客に１回目、２回目、３回目と同じツールを送っているようでは、よいＣＲＭはできません。

顧客の分類だけでも複雑な作業です。仮にそれができたとしても、誰かを担当者に決めてやらせるなど、マンパワーで解決しようとすると必ず間違いが起こります。

顧客との出会いは一期一会

仮に、起こったミスが担当者にとっては1万回に1度の間違いであっても、顧客にとっては「それがすべて」です。

余談ですが、私は今、この原稿をロンドンのホテルで書いています。ロンドンまではブリティッシュエアウェイズで来たのですが、ヒースロー空港の停電で、預けたスーツケースがなくなるというトラブルに見舞われました。

そこまでなら「仕方がないか」とあきらめますが、その後、スーツケースが私の手元に届くまで5日かかりました。その間、航空会社の対応は「電話での連絡は不可、状況はネットで見ろ」というものでした。これで私は「ブリティッシュエアには二度と乗らない」と決意しました。

もしかすると、ブリティッシュエアにとってもこんなケースは初めてだったのかもしれませんが、私にとっては今回がすべてです。

こういうトラブルがあなたの会社で起こったら、あなたはロイヤルカスタマーをなくしてしまうかもしれないのです。

このようなミスを最小限に防ぐには、人に頼るのではなく、「誰でもそれに従って動けばよい」というシステムの構築が必要です。

私は、そのような考えのもと、効果的なＣＲＭに直結する顧客分類を実現できるシステムも紹介しています。

4　コンサルティングフィー

私のナビゲーションは、以上のように進んでいきます。

このコンサルティングにかかるフィーは、原則月額30万円です（4年で100億行きたいというような超早道をご希望のかたは、月額100万円です）。

私は、クライアントごとに私の右腕となる担当者を決め、以上のコンサルティングを担当者とともに、必要に応じて面談も交えながら進めていきます。

これであなたも、ビリオネアに向けてTAKE　OFFできるのです。

図表10—1　月額コンサルティングフィー

	初心者	通常	特急
月額（税別）	10万円	30万円	100万円

私のコンサルティングがうまくいかない場合

　私のコンサルティングがうまくいかない場合もあります。そのパターンを分析してみました。

１　既にＥＣビジネスを展開されている場合

①既に商品をお持ちの場合に、その商品がいかに優れたものであるか、その商品に着目した自分たちがいかに卓見であるかを、面談のたびに滔々と語るかたがいらっしゃいます。そこまでいかなくても、商品に対する批判を一切許さないというスタンスのかたは意外に多いものです。

　最初は私も問題点をサジェストするのですが、クライアントご自身が「聞く耳持たず」というスタンスだと、そのサジェストもやめてしまいます。

　商品はビリオネアへのツールであり、ビジネスの姿勢に「ツールは目的に合わせて最適化していく」という目的合理性がないと、うまくいくものもいきません。

②また、私に会社の売上や商品情報を開示せず、「必要なノウハウだけ提供してくれたら、あとはこちらでやるから」というスタンスのかたもおられます。この場合もやはりうまくいきません。

　こういうケースでは、「闇に向かって鉄砲」を打っている体となり、はずれの施策が多くなります。

COLUMN

③私がクライアントの現場の担当者と向かい合う場合もあります。そういう場合に、担当のかたの理解が悪いとか、現状をあまり変えたがらない（自分の仕事を増やしたがらない）という態度がうかがえる場合もうまくいきません。
④私は代理店や制作会社と連携しながらコンサルティングを進めていきますが、こういう連携先と「直接やりたがる」かたも、中にはいらっしゃいます。コストを考えてのことでしょうが、ノウハウがないぶん余計な手間がかかって、かえってマイナスです。

2　これからＥＣを始める場合

① Yahoo! 知恵袋の調査なども含めて「すべてやってほしい」というかたはうまくいきません。私はナビゲーターであり、プレーヤーではありません。プレーヤーであるあなたが、世界で誰よりもあなたの商品に詳しく、顧客に詳しくなければなりません。
②予算ギリギリでは、ハプニングが起こったときに対応できません。たとえば、媒体が急に掲載料を上げたとか、急激に集客力を落としているとか、ヤフーやグーグルが急にポリシーを変更したとか。
　こういうハプニングで予測が狂うことは残念ながらありえます。そういうときは、すぐに軌道修正しなければなりません。予算キツキツだと、ここの費用が捻出できません。

COLUMN

エピローグ
初年度年商6億、2年度年商20億へのロードマップ

P.188以下の図表E−1〜4は、初年度6億円、2年度年商20億円に至るシミュレーションを示したものです。

ポイントを以下に整理します。

1　前提

①商品は機能性表示健食です。通常価格8000円で、定期購入は5000円と設計しています。

②定期ダイレクトの設計にしており、初回から全員定期です。

③新規獲得はMR0・3から始まり、10か月でMR0・6に至り、あとはずっとMR0・6です。ELM理論とMR理論をしっかりマスターして実践すれば、固い数値です。

④定期離脱は、5％→10％→40％→50％と見ています。これも、サイコCRM理論をしっかりマスターして実践すれば固い数値です。

⑤クロスセル数値はメイン商材売上の10％で、4か月目から発生すると見ています（クロスセル経費は商品原価も含め25％としています）。

2 分析

以上を前提とし、初年度の年商が6億超、2年度の年商が21億超で、いずれも無理のないものです。

年商もさることながら、さらに注目すべきは「利益率」の高さです。

図表E－4（P.191）をご覧ください。

初年度で3800万円超、2年度で7億4千万円超です。

実効税率を40％とすると、税引き後利益は約4億4千万円。この利益は100％株主であるあなたが掌握している利益です。

なぜこんな高い利益が可能なのか？

それは、ＣＲＭの成果です。

２年度は、概算で言うと新規が３億に対し、既存は18億です。つまり１対６。

機能性表示と結合してサイコＣＲＭ理論をマスターすると、これが１対７→１対８→１対９と上がっていきます。そうなると、実質資産10億円のビリオネアが完全に見えてきます。

13ヶ月目	14ヶ月目	15ヶ月目	16ヶ月目	17ヶ月目	18ヶ月目	19ヶ月目	20ヶ月目	21ヶ月目	22ヶ月目	23ヶ月目	24ヶ月目	合計
15%	15%	15%	15%	15%	15%	10%	10%	10%	10%	10%	10%	

13ヶ月目	14ヶ月目	15ヶ月目	16ヶ月目	17ヶ月目	18ヶ月目	19ヶ月目	20ヶ月目	21ヶ月目	22ヶ月目	23ヶ月目	24ヶ月目	合計
45,000,000	45,000,000	45,000,000	45,000,000	45,000,000	45,000,000	45,000,000	45,000,000	45,000,000	45,000,000	45,000,000	45,000,000	879,000,000
8,333	8,333	8,333	8,333	8,333	8,333	8,333	8,333	8,333	8,333	8,333	8,333	242,493
0.6	0.6	0.6	0.6	0.6	0.6	0.6	0.6	0.6	0.6	0.6	0.6	-
27,000,000	27,000,000	27,000,000	27,000,000	27,000,000	27,000,000	27,000,000	27,000,000	27,000,000	27,000,000	27,000,000	27,000,000	494,700,000

72	72	72	72	72	72	48	48	48	48	48	48	3,648
96	72	72	72	72	72	72	48	48	48	48	48	3,600
96	96	72	72	72	72	72	72	48	48	48	48	3,552
500	400	400	300	300	300	300	300	300	200	200	200	14,600
600	500	400	400	300	300	300	300	300	300	200	200	14,400
700	600	500	400	400	300	300	300	300	300	300	200	14,200
1,400	1,225	1,050	875	700	700	525	525	525	525	525	525	24,500
1,575	1,400	1,225	1,050	875	700	700	525	525	525	525	525	23,975
1,750	1,575	1,400	1,225	1,050	875	700	700	525	525	525	525	23,450
3,240	2,700	2,430	2,160	1,890	1,620	1,350	1,080	1,080	810	810	810	35,370
4,860	3,240	2,700	2,430	2,160	1,890	1,620	1,350	1,080	1,080	810	810	34,560
5,130	4,860	3,240	2,700	2,430	2,160	1,890	1,620	1,350	1,080	1,080	810	33,750
5,400	5,130	4,860	3,240	2,700	2,430	2,160	1,890	1,620	1,350	1,080	1,080	32,940
	5,400	5,130	4,860	3,240	2,700	2,430	2,160	1,890	1,620	1,350	1,080	31,860
		5,400	5,130	4,860	3,240	2,700	2,430	2,160	1,890	1,620	1,350	30,780
			5,400	5,130	4,860	3,240	2,700	2,430	2,160	1,890	1,620	29,430
				5,400	5,130	4,860	3,240	2,700	2,430	2,160	1,890	27,810
					5,400	5,130	4,860	3,240	2,700	2,430	2,160	25,920
						5,400	5,130	4,860	3,240	2,700	2,430	23,760
							5,400	5,130	4,860	3,240	2,700	21,330
								5,400	5,130	4,860	3,240	18,630
									5,400	5,130	4,860	15,390
										5,400	5,130	10,530
											5,400	5,400
20,019	21,870	23,551	24,986	26,251	27,421	28,397	29,278	30,159	30,869	31,579	37,689	409,845
5400：20019	5400：21870	5400：23551	5400：24986	5400：26251	5400：27421	5400：28397	5400：29278	5400：30159	5400：30869	5400：31579	5400：37689	98940：409845

127,095,000	136,350,000	144,755,000	151,930,000	158,255,000	164,105,000	168,985,000	173,390,000	177,795,000	181,345,000	184,895,000	215,445,000	2,543,925,000
45,000,000	45,000,000	45,000,000	45,000,000	45,000,000	45,000,000	45,000,000	45,000,000	45,000,000	45,000,000	45,000,000	45,000,000	879,000,000
82,095,000	91,350,000	99,755,000	106,930,000	113,255,000	119,105,000	123,985,000	128,390,000	132,795,000	136,345,000	139,895,000	170,445,000	1,664,925,000
8,913,500	10,009,500	10,935,000	11,775,500	12,493,000	13,125,500	13,710,500	14,198,500	14,639,000	15,079,500	15,434,500	15,789,500	186,078,000
73,181,500	81,340,500	88,820,000	95,154,500	100,762,000	105,979,500	110,274,500	114,191,500	118,156,000	121,265,500	124,460,500	154,655,500	1,478,847,000
12,709,500	13,635,000	14,475,500	15,193,000	15,825,500	16,410,500	16,898,500	17,339,000	17,779,500	18,134,500	18,489,500	21,544,500	253,000,500
2,903,375	3,177,375	3,408,750	3,618,875	3,798,250	3,956,375	4,102,625	4,224,625	4,334,750	4,444,875	4,533,625	4,622,375	57,864,000
¥139,804,500	¥149,985,000	¥159,230,500	¥167,123,000	¥174,080,500	¥180,515,500	¥185,883,500	¥190,729,000	¥195,574,500	¥199,479,500	¥203,384,500	¥236,989,500	¥2,796,925,500
56,816,875	58,186,875	59,343,750	60,394,375	61,291,250	62,081,875	62,813,125	63,423,125	63,973,750	64,524,375	64,968,125	65,411,875	1,122,942,000
¥82,987,625	¥91,798,125	¥99,886,750	¥106,728,625	¥112,789,250	¥118,433,625	¥123,070,375	¥127,305,875	¥131,600,750	¥134,955,125	¥138,416,375	¥171,577,625	¥1,673,983,500

図表E―1　売上 VS 販促費

通常価格	￥8,000	定期継続率											
定期価格	￥5,000	1ケ月目	2ケ月目	3ケ月目	4ケ月目	5ケ月目	6ケ月目	7ケ月目	8ケ月目	9ケ月目	10ケ月目	11ケ月目	12ケ月目
		100%	95%	90%	60%	50%	45%	40%	35%	30%	25%	20%	20%

	1ケ月目	2ケ月目	3ケ月目	4ケ月目	5ケ月目	6ケ月目	7ケ月目	8ケ月目	9ケ月目	10ケ月目	11ケ月目	12ケ月目
①広告費（任意）	8,000,000	8,000,000	8,000,000	25,000,000	25,000,000	25,000,000	35,000,000	35,000,000	35,000,000	45,000,000	45,000,000	45,000,000
② CPO（広告費 / 件数）	16,666	16,666	16,666	12,500	12,500	12,500	10,000	10,000	10,000	8,333	8,333	8,333
③ MR（任意）	0.3	0.3	0.3	0.4	0.4	0.4	0.5	0.5	0.5	0.6	0.6	0.6
④新規売上（広告費 *MR）	2,400,000	2,400,000	2,400,000	10,000,000	10,000,000	10,000,000	17,500,000	17,500,000	17,500,000	27,000,000	27,000,000	27,000,000

新規	480	456	432	288	240	216	192	168	144	120	96	96
		480	456	432	288	240	216	192	168	144	120	96
			480	456	432	288	240	216	192	168	144	120
				2,000	1,900	1,800	1,200	1,000	900	800	700	600
					2,000	1,900	1,800	1,200	1,000	900	800	700
						2,000	1,900	1,800	1,200	1,000	900	800
							3,500	3,325	3,150	2,100	1,750	1,575
								3,500	3,325	3,150	2,100	1,750
									3,500	3,325	3,150	2,100
										5,400	5,130	4,860
											5,400	5,130
												5,400
リピート計	0	456	888	1,176	2,860	4,444	5,548	7,901	10,079	11,707	14,890	17,827
新規・リピート	480：0	480：456	480：888	2000：1176	2000：2860	2000：4444	3500：5548	3500：7901	3500：10079	5400：11707	5400：14890	5400：17827

売上計	2,400,000	4,680,000	6,840,000	15,880,000	24,300,000	32,220,000	45,240,000	57,005,000	67,895,000	85,535,000	101,450,000	116,135,000
広告費計	8,000,000	8,000,000	8,000,000	25,000,000	25,000,000	25,000,000	35,000,000	35,000,000	35,000,000	45,000,000	45,000,000	45,000,000
売上ー広告費	-5,600,000	-3,320,000	-1,160,000	-9,120,000	-700,000	7,220,000	10,240,000	22,005,000	32,895,000	40,535,000	56,450,000	71,135,000
リピート経費（リピート売上の10%）	0	0	228,000	444,000	588,000	1,430,000	2,222,000	2,774,000	3,950,500	5,039,500	5,853,500	7,445,000
売上－（広告費＋リピート経費）	-5,600,000	-3,320,000	-1,388,000	-9,564,000	-1,288,000	5,790,000	8,018,000	19,231,000	28,944,500	35,495,500	50,596,500	63,690,000
クロス売上（売上の 10%）	0	0	0	1,588,000	2,430,000	3,222,000	4,524,000	5,700,500	6,789,500	8,553,500	10,145,000	11,613,500
クロス経費（クロス売上の 25%）	0	0	0	0	397,000	607,500	805,500	1,131,000	1,425,125	1,697,375	2,138,375	2,536,250
全売上（売上＋クロス売上）	¥2,400,000	¥4,680,000	¥6,840,000	¥17,468,000	¥26,730,000	¥35,442,000	¥49,764,000	¥62,705,500	¥74,684,500	¥94,088,500	¥111,595,000	¥127,748,500
全経費（広告費＋R経費＋C経費）	8,000,000	8,000,000	8,228,000	25,444,000	25,985,000	27,037,500	38,027,500	38,905,000	40,375,625	51,736,875	52,991,875	54,981,250
全利益（全売上－全経費）	¥-5,600,000	¥-3,320,000	¥-1,388,000	¥-7,976,000	¥745,000	¥8,404,500	¥11,736,500	¥23,800,500	¥34,308,875	¥42,351,625	¥58,603,125	¥72,767,250

13ケ月目	14ケ月目	15ケ月目	16ケ月目	17ケ月目	18ケ月目	19ケ月目	20ケ月目	21ケ月目	22ケ月目	23ケ月目	24ケ月目
139,804,500	149,985,000	159,230,500	167,123,000	174,080,500	180,515,500	185,883,500	190,729,000	195,574,500	199,479,500	203,384,500	236,989,500
30,502,800	32,724,000	34,741,200	36,463,200	37,981,200	39,385,200	40,556,400	41,613,600	42,670,800	43,522,800	44,374,800	51,706,800
13,980,450	14,998,500	15,923,050	16,712,300	17,408,050	18,051,550	18,588,350	19,072,900	19,557,450	19,947,950	20,338,450	23,698,950
56,816,875	58,186,875	59,343,750	60,394,375	61,291,250	62,081,875	62,813,125	63,423,125	63,973,750	64,524,375	64,968,125	65,411,875
38,504,375	44,075,625	49,222,500	53,553,125	57,400,000	60,996,875	63,925,625	66,619,375	69,372,500	71,484,375	73,703,125	96,171,875
77,223,950	121,299,575	170,522,075	224,075,200	281,475,200	342,472,075	406,397,700	473,017,075	542,389,575	613,873,950	687,577,075	783,748,950

図表E―2　売上 vs 販促費まとめ

	初年度	2年度	
年商	614,146,000	2,182,779,500	←「売上 vs. 販促費」の“全売上”合計
広告費	339,000,000	540,000,000	←「売上 vs. 販促費」の“広告費”合計
全販促費	379,712,625	743,229,375	←「売上 vs. 販促費」の“全経費”合計
粗利	234,433,375	1,439,550,125	←“年商”－“全販促費”
（概算）	234,433,375	1,439,550,125	←「売上 vs. 販促費」の“全利益”合計

図表E―3　売上 vs 全経費

	1ケ月目	2ケ月目	3ケ月目	4ケ月目	5ケ月目	6ケ月目	7ケ月目	8ケ月目	9ケ月目	10ケ月目	11ケ月目	12ケ月目
①売上〈「売上 vs. 販促費」の“全売上”〉	2,400,000	4,680,000	6,840,000	17,468,000	26,730,000	35,442,000	49,764,000	62,705,500	74,684,500	94,088,500	111,595,000	127,740,500
②商品原価〈@8,000の15%＊（新規＋リピート）数〉	576,000	1,123,200	1,641,600	3,811,200	5,832,000	7,732,800	10,857,600	13,681,200	16,294,800	20,528,400	24,348,000	27,872,400
③販管費〈売上の10%〉	240,000	468,000	684,000	1,746,800	2,673,000	3,544,200	4,976,400	6,270,550	7,468,450	9,408,850	11,159,500	12,774,850
④全販促費〈広告費＋リピート経費＋クロス経費〉	8,000,000	8,000,000	8,228,000	25,444,000	25,985,000	27,037,500	38,027,500	38,905,000	40,375,625	51,736,875	52,991,875	54,981,250
⑤収支〈①－（②＋③＋④）〉	-6,416,000	-4,911,200	-3,713,600	-13,534,000	-7,760,000	-2,872,500	-4,097,500	3,848,750	10,545,625	12,414,375	23,095,625	32,120,000
⑥累計	-6,416,000	-11,327,200	-15,040,800	-28,574,800	-36,334,800	-39,207,300	-43,304,800	-39,456,050	-28,910,425	-16,496,050	6,599,575	38,719,575

※④のクロス経費にはクロスセルの商品原価も含まれています。

図表E―4　売上 vs 全経費まとめ

	初年度	2年度	
年商	614,146,000	2,182,779,500	←「売上 vs. 販促費」の“全売上”合計
全経費	575,426,425	1,437,750,125	←「売上 vs. 全経費」の“商品単価”と“販管費”と“全販促費”合計
利益	38,719,575	745,029,375	←“年商”－“全経費”
（概算）	38,719,575	745,029,375	←「売上 vs. 全経費」の“収支”合計

林田　学（Mike Hayashida, Ph.D）

●東京大学法学部大学院卒、法学博士。Harvard Medical School Participant（医療マネジメント）。大学教授、弁護士*を経て、現在、㈱薬事法ドットコム（YDC）社主、米国財団法人 Hayashida Intercultural Foundation（HIF ／林田文化交流財団）理事長。2002 年度薬事法改正のための小委員会など、政府関係委員会の委員を多数歴任。
● 1995 年の小林製薬㈱通販事業を皮切りに、健康美容医療ビジネスの分野で関連法令とマーケティングの第一人者としてプレーヤーをサポート。広告代理店やクリニックを含め、関わった事案は 600 社以上を数える。
●著書に、『PL 法新時代』、『情報公開法』（中公新書）、『最新薬事法改正と医薬品ビジネスがよーくわかる本』（秀和システム出版）、『ゼロから始める！　4 年で年商 30 億の通販長者になれるプロの戦略』、『市場規模が 3 倍に！　健食ビジネス新時代を勝ち抜くプロの戦略 「機能性表示」解禁を、どう生かすか』（ダイヤモンド社）などがある。

東京オフィス　〒 150-0051　東京都渋谷区千駄ヶ谷 5-27-3　やまとビル 8F
ニューヨークオフィス　57W 57th 4thFl NY NY10019
YDC サイト　http://www.yakujihou.com/
林田学公式サイト　http://www.mhayashida.com/
林田学の健康食品機能性表示ナビゲーター　http://mike-hayashida.blog.jp/
＊現在、弁護士登録は辞め、弁護士活動は行なっていません。

STAFF
カバーデザイン　有限会社北路社
編集　有限会社トビアス（永山　淳）
組版　有限会社トビアス（庄司朋子）

機能性表示とノウハウカルテットで
4 年でビリオネアへの道

2016 年 2 月 18 日　初版印刷
2016 年 2 月 28 日　初版発行

著　者　林田　学
発行者　小野寺優
発行所　株式会社河出書房新社
〒 151-0051　東京都渋谷区千駄ヶ谷 2-32-2
電話　03-3404-8611（編集）03-3404-1201（営業）
http://www.kawade.co.jp/
印　刷　モリモト印刷株式会社
製　本　小泉製本株式会社

ISBN978-4-309-92076-4